FORSCHUNGSBERICHTE
DES WIRTSCHAFTS- UND VERKEHRSMINISTERIUMS
NORDRHEIN-WESTFALEN

Herausgegeben von Ministerialdirektor Prof. Leo Brandt

Nr. 43

Forschungsgesellschaft Blechverarbeitung e.V., Düsseldorf

Forschungsergebnisse über das Beizen von Blechen

Als Manuskript gedruckt

WESTDEUTSCHER VERLAG / KÖLN UND OPLADEN

1953

ISBN 978-3-663-03653-1   ISBN 978-3-663-04842-8 (eBook)
DOI 10.1007/978-3-663-04842-8

Forschungsberichte des Wirtschafts- und Verkehrsministeriums Nordrhein-Westfalen

G l i e d e r u n g

1. Das Beizen von Blechen nach dem Mittelleiter-Verfahren . . . S. 5

2. Vergleichende Untersuchung technischer Beizverfahren . . . . S. 12

3. Über die Wirkung von Sparbeizen beim Säurebeizen
   von Blechen . . . . S. 22

4. Unterschiedliches Verhalten beider Seiten dünner
   Bleche beim Beiz- und Korrosionsversuch . . . . S. 37

Literaturverzeichnis . . . . S. 41

Forschungsberichte des Wirtschafts- und Verkehrsministeriums Nordrhein-Westfalen

1. Das Beizen von Blechen nach dem Mittelleiter-Verfahren

Man wird sich zur Anwendung des sog. Mittelleiter-Verfahrens beim Beizen von Blechen in der Hauptsache dann entschließen, wenn man die Vorteile, die sich aus einer Beizbehandlung unter Zuhilfenahme des elektrischen Stromes ergeben, mit der beim einfachen Säurebeizen üblichen leichten Handhabung verbinden will. Die umständliche Herstellung des Stromanschlusses fällt fort und damit auch eine etwa nötige Beschädigung des zu beizenden Bleches. Das Verfahren hat sich bis heute in vielen Fällen gut bewährt, so z.B. zum Beizen ganzer Werkstücke und von Drahtbündeln, ferner zum Reinigen von Blechen in endlosen Bändern. Hier sei auf eine beim elektrolytischen Beizen immer wieder auftretende Schwierigkeit hingewiesen: die infolge mangelnden Kontakts bei der Stromübertragung durch Walzen oder Bürsten verursachte Funkenbildung, die häufig zu leichten Anfressungen der Blechoberfläche führt.

Die Behandlung nach dem Mittelleiter-Verfahren wird grundsätzlich in ihrer einfachsten Form so durchgeführt, daß sich das zu beizende Blech ohne leitende metallische Verbindung zwischen den zwei Polen der Stromquelle befindet. Die Stromzuführung übernimmt der Elektrolyt. Die Hilfsanode besteht meist aus Kohle, Graphit oder Blei, die Hilfskathode aus Eisen. Der Strom nimmt seinen Weg von der einen Elektrode durch den Elektrolyten zum Werkstück und von diesem wiederum durch den Elektrolyten zur zweiten Elektrode. Wegen der größeren Leitfähigkeit des Metalles werden die Stromlinien bevorzugt durch den Mittelleiter gehen und so beizend wirken. Dabei wird die der Anode gegenüberliegende Seite des Werkstückes zur Kathode, die der Kathode gegenüberliegende zur Anode. Erwartungsgemäß müßte es bei dieser Arbeitsweise zu einer stärkeren Abtragung an der anodischen und einer evtl. Eisenabscheidung an der kathodischen Seite kommen. Nach Versuchen des Erfinders dieses Verfahrens konnte diese Erscheinung an Drähten nicht beobachtet werden, es trat vielmehr wie bei der Säurebeize eine nach allen Seiten gleichmäßige Entzunderung und Auflösung ein.

Die hier durchgeführte Untersuchung hatte zum Ziel, die <u>Beizwirkung an Blechen</u> zu erproben, die als Mittelleiter zwischen einer Eisenkathode und einer Kohleanode geschaltet waren. Bei Blechen, die relativ schlecht leiten, weil sie entweder sehr dünn sind oder aus einer schlecht leitenden Legierung bestehen, kann ein Spannungsabfall von den Teilen, die den Elektroden zunächst liegen, bis zu den entfernteren Ecken eintreten. Er hat einen ungleichmäßigen Angriff von Metall und Zunder zur Folge. Weiterhin wurde versucht, neben der Festlegung der Entzunderungszeit durch mikroskopische Aufnahmen ein Bild von der Rauhigkeit der Blechoberfläche bei verschiedenen Versuchsbedingungen zu gewinnen.

Als Probestücke dienten leicht verzunderte, 1 mm dicke Tiefziehbleche von den Abmessungen 40 x 60 mm. Der Elektrolyt bestand aus einer Eisensulfatlösung mit geringem Schwefelsäurezusatz. Die weiteren, während der ersten Versuchsreihe gleichbleibenden Bedingungen waren: Spannung 8 V; Stromstärke 3 Amp; Badtemperatur 50°C. Unter diesen Bedingungen wurde je eine Probe 20 und 40 Minuten lang als Mittelleiter der Wirkung des elektrischen Stromes ausgesetzt. Abb. 1 bis 4 zeigen die Oberflächen auf beiden Seiten dieser Bleche bei stärkerer Vergrößerung. Auf Abb. 1 und 3, die die der Kathode gegenüberliegenden Blechseiten zeigen, ist die anodische Wirkung an der Aufrauhung deutlich zu erkennen. Auf der anderen Seite, die unter der Einwirkung des Stromes kathodisch reagiert, ist es dagegen zur Abscheidung eines Filmes gekommen, der mit längerer Beizzeit stärker wird und an der Ausbildung kleiner, kraterförmiger Vertiefungen (Abb. 4) auf stärkere Gasentwicklung schließen läßt. Eine Analyse dieses schlecht haftenden und teilweise abblätternden Filmes ergab einen Eisengehalt von 96,5 %. Das anodisch gelöste Eisen scheint sich demnach kathodisch auf dem Werkstoff niederzuschlagen

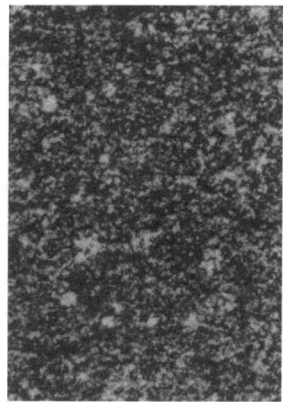

Abb. 1

Anodische Seite des Bleches
3 Amp., 20 min

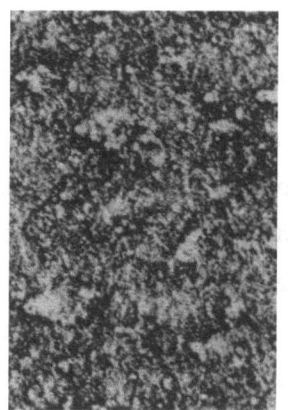

Abb. 2

Kathodische Seite des Bleches
3 Amp., 20 min

Forschungsberichte des Wirtschafts- und Verkehrsministeriums Nordrhein-Westfalen

In einer zweiten Versuchsreihe unter denselben Bedingungen wurden die als Mittelleiter in das Bad tauchenden <u>Bleche gedreht,</u> um eine gleichmäßige Aufrauhung beider Seiten zu fördern und die einseitige anodische bzw. kathodische Wirkung zu unterbinden und damit die unerwünschte Eisenabscheidung zu unterdrücken. Die Abb. 5 zeigt ein Ergebnis dieser Versuche. Durch die Bewegung der Bleche ist es zu einer gleichmäßigen Beizwirkung über die ganze Fläche auf beiden Seiten der Proben gekommen, und zwar ist die Rauhigkeit bei den 20 und 40 Minuten behandelten Blechen unterschiedlich. Man hat es also auf diese Weise in der Hand, einen bestimmten Rauhigkeitsgrad der Blechoberfläche herbeizuführen, wie er für manche Verfahren der Weiterverarbeitung und Veredelung erwünscht ist.

Das Ergebnis einer Beizung unter denselben Bedingungen wie in Abb. 1 bis 5, nur bei höherer Stromstärke (7 Amp.), ist in Abb. 6 bis 10 dargestellt. Es tritt grundsätzlich die gleiche Wirkung auf. Die abgeschiedene Eisenschicht ist hier noch dicker und bei längerer Beizdauer vollkommen blasig (Abb. 9). Durch Bewegung des Mittelleiters wird dagegen wiederum ein gleichmäßiger Säureangriff hervorgerufen (Abb. 10).

Weiterhin wurde untersucht, inwieweit der zunächst gewählte geringe Abstand von etwa 30 mm von der Elektrode zum Blech für die Eisenabscheidung verantwortlich war, bzw. ob es bei genügend <u>großem Elektrodenabstand</u> auch <u>ohne Bewegung</u> der <u>Probe</u> zu einer gleichmäßigen Beizung auf beiden Seiten des Bleches kommt. Für die hierzu unternommenen Versuche wurden die gleichen Bedingungen hinsichtlich Beizzeit, Stromstärke, Spannung, Temperatur und Zusammensetzung des Elektrolyten gewählt, unterschiedlich war lediglich der beiderseitige Elektrodenabstand vom Blech. Er betrug 200 mm.

Der den Blechen anhaftende Zunder war in allen Fällen in kurzer Zeit entfernt, bei geringerer Stromdichte in etwa 5 Minuten, bei höherer in 3 Minuten. Da die Versuche jedoch zum Ziel hatten, den unter verschiedenen Voraussetzungen erreichbaren Rauhigkeitsgrad der Oberfläche zu ermitteln, kann man die Ergebnisse wiederum anhand der mikroskopisch vergrößerten Oberflächenaufnahmen beurteilen.

Abb. 11 und 12 zeigen die Oberflächen beider Blechseiten (analog Abb. 3 und 4 bei den Versuchen mit geringem Elektrodenabstand). Es fällt zunächst auf, daß Eisen scheinbar nicht abgeschieden wurde und die Bleche beiderseitig aufgerauht erscheinen, nach 40 min Beizdauer etwas stärker als nach 20 min. Ihr Aussehen unterscheidet sich nur unwesentlich von dem der unter gleichen Bedingungen gebeizten, dabei aber gedrehten Bleche (Abb. 13). Es ergibt sich also, daß eine Bewegung der als Mittelleiter geschalteten Bleche bei genügend großem Elektrodenabstand für eine gleichmäßige Beizung und Aufrauhung der Oberfläche nicht erforderlich ist.

Dieselben Versuche bei höherer Stromdichte brachten das gleiche Ergebnis (Abb. 14), die Oberflächen waren jedoch bedeutend feiner aufgerauht.

Damit ein gleichmäßiger Angriff auf beiden Seiten erzielt wird, ist statt einer Drehung der Bleche während der Beizung auch ein häufigeres Umpolen während des Stromdurchganges möglich.

Abb. 15 und 16 zeigen die durch diese Behandlung erzielte Wirkung (vgl. Abb. 14, gedrehte Probe).

Schließlich wurde noch die Wirkung einer Beizung bei Raumtemperatur und bei extrem langen Beizzeiten erprobt. - Die Aufrauhung der Oberflächen eines 1 Stunde bei Raumtemperatur nach dem Mittelleiter-Verfahren gebeizten Bleches entspricht der bei höherer Temperatur ($50°C$) in 20 min erhaltenen, d.h. das Erwärmen des Beizbades führt zu einer Verkürzung der Beizzeit.

Sehr lange Beizzeiten von 1 Stunde und mehr unter normalen Bedingungen ($50°C$) führen eine starke Aufrauhung der Oberfläche herbei (Abb. 17 und 18; 3 Stunden Beizdauer), und darüber hinaus trotz größeren Elektrodenabstandes zu einer verhältnismäßig starken Eisenabscheidung auf einer Blechseite, falls das zu beizende Werkstück nicht gedreht wird.

Die beim Beizen ermittelten Gewichtsverluste (Tabelle 1) bestätigen die beschriebenen Ergebnisse.

Tabelle 1

Stromstärke in Amp.	Beizzeit in min	Gewichtsverlust in %	
3	20	0,068	
3	40	0,042	
3	20	0,0031	Probe gedreht
3	40	0,068	Probe gedreht
6	20	0,292	
6	40	0,195	
6	20	0,123	Probe gedreht
6	40	0,185	Probe gedreht

Forschungsberichte des Wirtschafts- und Verkehrsministeriums Nordrhein-Westfalen

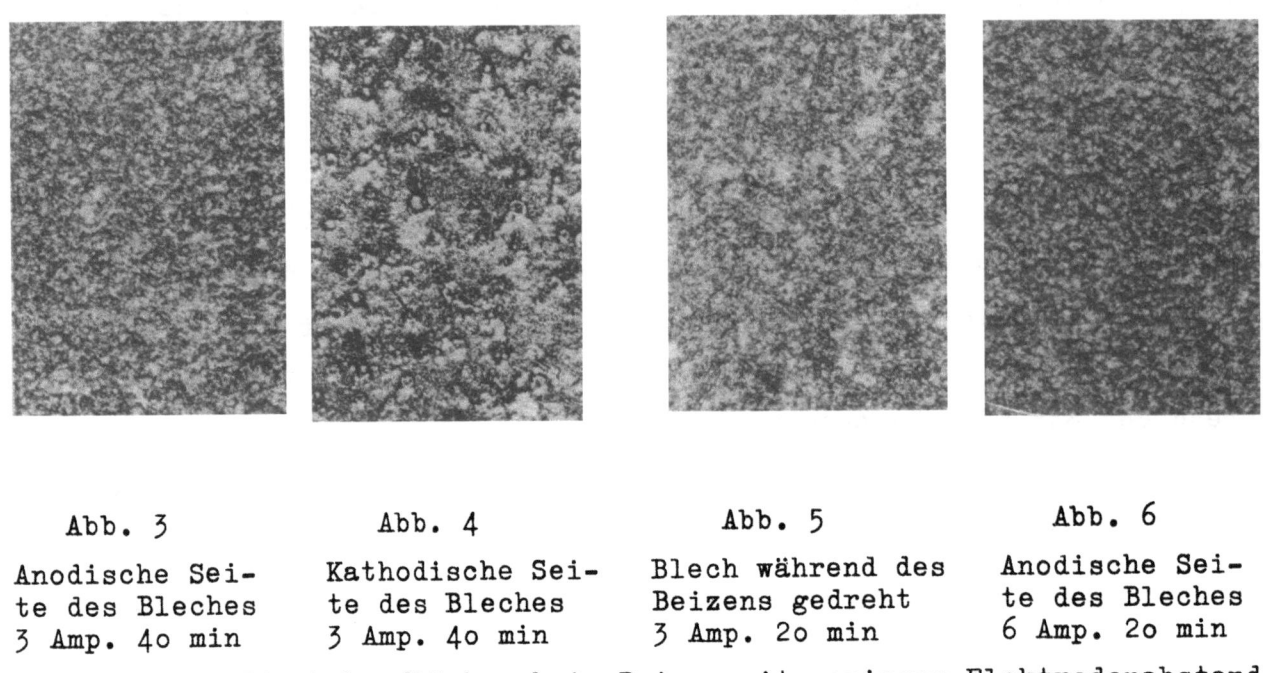

Abb. 3
Anodische Seite des Bleches
3 Amp. 40 min

Abb. 4
Kathodische Seite des Bleches
3 Amp. 40 min

Abb. 5
Blech während des Beizens gedreht
3 Amp. 20 min

Abb. 6
Anodische Seite des Bleches
6 Amp. 20 min

Abb. 1 bis 5 Blechoberflächen beim Beizen mit geringem Elektrodenabstand.
Mittelleiter V = 30 X

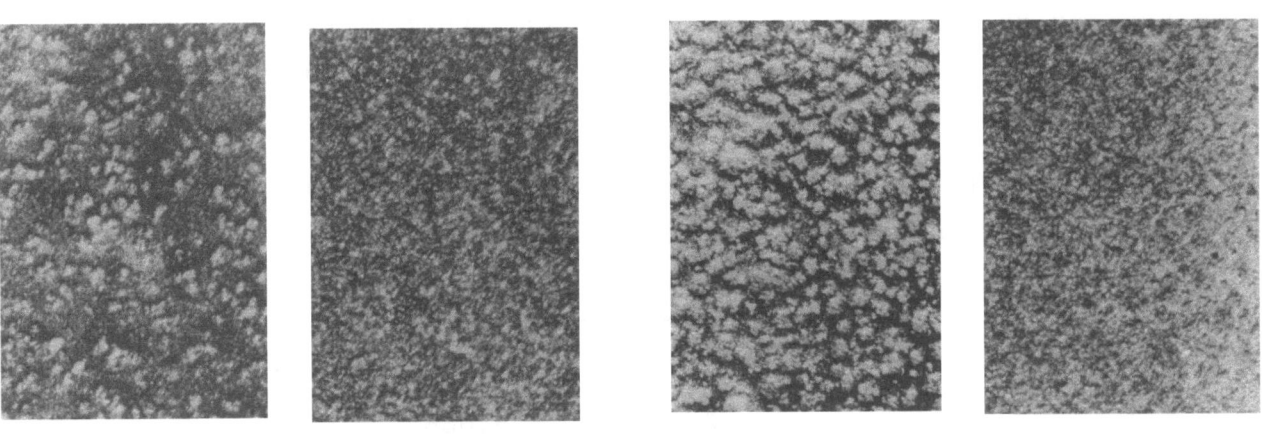

Abb. 7
Kathodische Seite des Bleches
6 Amp. 20 min

Abb. 8
Anodische Seite des Bleches
6 Amp. 40 min

Abb. 9
Kathodische Seite des Bleches
6 Amp. 40 min

Abb. 10
Blech während des Beizens gedreht
6 Amp. 40 min

Abb. 6 bis 10 Mit höherer Stromstärke und geringerem Elektrodenabstand gebeizte Blechoberflächen

  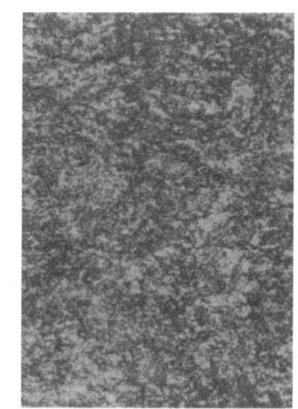 

Abb. 11　　　　　　**Abb. 12**　　　　　　**Abb. 13**　　　　　　**Abb. 14**

Anodische Sei-　　Kathodische Sei-　　Blech während des　Blech während des
te des Bleches　　te des Bleches　　　Beizens gedreht　　Beizens gedreht
3 Amp. 40 min　　　3 Amp. 40 min　　　　3 Amp. 40 min　　　6 Amp. 40 min

Abb. 11 bis 14　　Blechoberflächen mit großem Elektrodenabstand gebeizt

   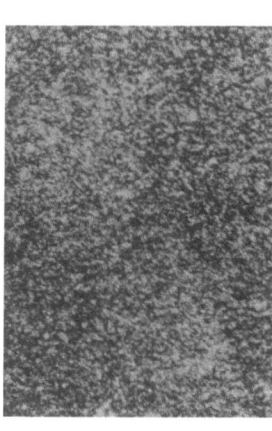

Abb. 15　　　　　　**Abb. 16**　　　　　　**Abb. 17**　　　　　　**Abb. 18**

Blech während des　Blech während des　Kathodische Sei-　　Anodische Sei-
Beizens mehrmals　　Beizens mehrmals　　te des Bleches　　　te des Bleches
umgepolt　　　　　　umgepolt
6 Amp. 20 min　　　6 Amp. 40 min　　　　6 Amp. 3 Std.　　　6 Amp. 3 Std.

Abb. 17 und 18 Beizen bei Raumtemperatur während besonders langer Beizzeiten

Forschungsberichte des Wirtschafts- und Verkehrsministeriums Nordrhein-Westfalen

Der geringe Gewichtsverlust von 0,042 % (bei 3 Amp.) bei längerer Beizzeit, bzw. 0,195 % (bei 6 Amp.) im Vergleich zu 0,068 bzw. 0,292 % ist durch die anscheinend etwas später einsetzende Eisenabscheidung zu erklären. Bei gleichmäßigem Angriff durch Bewegen des Bleches tritt bei längerer Beizzeit wie bei höherer Stromstärke stärkere Auflösung ein.

Zusammenfassung

Die Einsatzmöglichkeiten des Mittelleiter-Verfahrens für das Beizen von Blechen wurden in mehreren Versuchsreihen ermittelt.

Nach diesen Versuchen ist es bei geringem Elektrodenabstand notwendig, die als Mittelleiter geschalteten Bleche zu drehen oder aber mehrere Male umzupolen, wenn eine gleichmäßige Beizwirkung auf beiden Seiten erzielt werden soll. Unter dieser Voraussetzung nimmt die Oberflächenrauhigkeit mit zunehmender Beizdauer zu. Höhere Stromstärke führt dagegen, trotz stärkerer Eisenauflösung, nicht immer zu einer rauheren Oberfläche. Das Beizen bei Raumtemperatur erfordert unter sonst gleichen Bedingungen mehr als doppelt so lange Beizzeiten. Bei unbewegten, als Mittelleiter geschalteten Blechen und bei großem Elektrodenabstand tritt erst bei mehrstündigem Beizen eine Eisenabscheidung auf einer Seite des Bleches ein, während die andere Seite stark aufgerauht wird.

Die Oberflächenaufnahmen geben ein Bild von der durch verschiedene Einflußgrößen bestimmbaren Rauhigkeit der Blechoberfläche und damit für die etwaige Anwendungsmöglichkeit des Mittelleiter-Verfahrens in dieser einfachen Form zur Vorbereitung der Blechoberfläche für eine nachfolgende Veredelung.

Professor Dr.-Ing. e.h. W. EILENDER und
Dr.-Ing. RUTH PETRI,
Technische Hochschule, Aachen

Forschungsberichte des Wirtschafts- und Verkehrsministeriums Nordrhein-Westfalen

2. Vergleichende Untersuchung technischer Beizverfahren

Das Beizen ist die gebräuchlichste Art der Zunderentfernung und die übliche Verfeinerung aller Erzeugnisse aus Eisen und Stahl, die im Verlaufe ihrer Fertigung wärmebehandelt werden müssen.

Der Zunder wird heute vorwiegend durch chemisches Beizen mit Salzsäure oder Schwefelsäure entfernt. Von anderen bekannten Verfahren hat lediglich das elektrolytische Beizen bis zu einem gewissen Grade Eingang in den praktischen Beizbetrieb gefunden.

Eine Gegenüberstellung der gebräuchlichsten Beizverfahren fehlt bis jetzt. Deshalb wurde im Institut des Herrn Prof. EILENDER diese vergleichende Untersuchung in der Technischen Hochschule Aachen durchgeführt. Dabei wurden die folgenden 6 Punkte eingehend untersucht:

1. Entzunderungszeit
2. Eisenangreifende Wirkung
3. Wasserstoffabgabe nach dem Beizen
4. Versprödung des Werkstoffes
5. Oberflächenrauhigkeit
6. Bildung von Oberflächenfilmen

Gleichzeitig wurde der Einfluß der durch das Beizen verursachten unterschiedlichen Rauhigkeit der Oberfläche und etwaig vorhandener Filme auf die anschließend aufgebrachten galvanischen Überzüge geprüft.

Folgende Untersuchungsverfahren wurden angewandt:

1. Entzunderungszeit

   Als Beizzeit ist die Zeit in Minuten angegeben, nach der eine durch Augenschein wahrnehmbare, vollständige Entfernung des Zunders durch den Säureeingriff eintritt. Die Lösungsgeschwindigkeit des Zunders ist häufig unterschiedlich auf beiden Blechseiten, deshalb wird als Beizzeit jeweils diejenige Zeit festgelegt, nach der das Blech auf beiden Seiten entzundert ist. Die Unterschiede sind häufig so groß, daß die eine, schwerer zu entzundernde Blechseite etwa doppelt so lange Beizzeiten erfordert wie die andere.

2. Eisenangreifende Wirkung

   Zur Feststellung der eisenangreifenden Wirkung der Säuren wurde der Gewichtsverlust, bezogen auf $1\ m^2$ der Bleche, ermittelt.

Forschungsberichte des Wirtschafts- und Verkehrsministeriums Nordrhein-Westfalen

3. Wasserstoffabgabe nach dem Beizen

Der bei der Eisenauflösung oder bei der kathodischen Beize entwickelte Wasserstoff diffundiert teilweise in das Eisen und verursacht die Beizsprödigkeit; z.T. ist die Bindung des Wasserstoffs jedoch sehr schwach, so daß er später entweicht und das Abblättern, Abheben oder Reißen eines aufgebrachten Niederschlages verursachen kann. Zur Feststellung der Wasserstoffmengen, die nach dem Beizen aus dem Werkstoff wieder austreten, wurde eine Versuchseinrichtung verwandt, die deren quantitative Erfassung erlaubt.

4. Versprödung

Die Versprödung der Bleche wird durch die herabgesetzte Dehnung nach dem Beizen im Vergleich zu der im unbehandelten Ausgangszustand ausgedrückt und soll einen Anhalt für die etwaige Änderung der mechanischen Eigenschaften der Bleche unter dem Einfluß verschiedener Beizbedingungen geben. Die Dehnung wird nach den Richtlinien der DIN-Normen 50 114 für den Zugversuch an dünnen Blechen geprüft.

5. Oberflächenrauhigkeit

Zur Messung der Oberflächenrauhigkeit ist das Verfahren nach Forster-Leitz gewählt, das eine quantitative Angabe der Mikrorauhigkeit gestattet.

6. Bildung von Oberflächenfilmen

Die Prüfung der Haftfestigkeit dünner Filme, die sich während des Beizens auf der Eisenoberfläche bilden können, ist besonders notwendig für die Untersuchung solcher Bleche, die mit sparbeizhaltigen Lösungen gebeizt sind. Im Anschluß an verschiedene Spülbehandlungen nach dem Beizen, die einen Anhalt für die mögliche Entfernung dieser Filme geben, wird deren Haftfähigkeit mittels einer Säurelöslichkeitsprüfung in 20 %iger Schwefelsäure ermittelt.

Um den Einfluß eines Angriffs der Säure in Abhängigkeit von dem jeweiligen Beizverfahren zu untersuchen, wurde mit einem einheitlichen Werkstoff gearbeitet; als Versuchsmaterial wurden Bleche aus beruhigtem S.-M.-Stahl von 1 mm Dicke gewählt, die nach dem Walzen normalisierend geglüht wurden. Sie waren stets mit einer gleichmäßigen und unverletzten Zunderschicht bedeckt, um einen einheitlichen Säureangriff zu gewährleisten. Zu dem gleichen Zweck wurden sie vor dem Beizen sorgfältig entfettet.

Forschungsberichte des Wirtschafts- und Verkehrsministeriums Nordrhein-Westfalen

Die Prüfung der Beizzeit und des Metallverlustes durch Beizen sowie die Untersuchung der Sparbeizen wurde gemäß den Richtlinien des Ausschusses für Oberflächenschutz durchgeführt.

Für das chemische Beizen in Salzsäure- und Schwefelsäurelösungen werden die Säurekonzentration, Temperatur und Beizzeit zueinander in Beziehung gesetzt.

Das Beizen mit Schwefelsäure kann nach den vorliegenden Ergebnissen durch eine Steigerung der Säurekonzentration im Bereich von 5 bis 30 % sowie durch eine Steigerung der Temperatur von 20 bis 100° beschleunigt werden. Dabei ist der Einfluß der Temperatur erheblich stärker als der der Konzentration. Beim Beizen mit Salzsäure dagegen wird eine deutliche Herabsetzung der Beizzeit durch Erwärmen der Lösung lediglich bis zu Temperaturen von etwa 40° erreicht, also bis zu solchen Temperaturen, auf die sich das Bad bei größerem Durchsatz ohne zusätzliche Erwärmung erhitzt. Eine weitere Temperatursteigerung hat nur eine verhältnismäßig geringe Verkürzung der Beizbehandlung zur Folge. Innerhalb des Temperaturbereiches von 20 bis 40°, der durch die starke Verflüchtigung der Lösung begrenzt ist, läßt sich die Beizbehandlung durch erhöhte Säurekonzentration in den Grenzen von 10 bis 20 % ebenfalls beschleunigen. Diese Beschleunigung durch erhöhte Konzentration tritt bei tieferen Temperaturen stärker in Erscheinung als bei höheren.

Eisenangreifende Wirkung

Die Ermittlung des Eisenverlustes ist wichtig als Anhalt für den Angriff des Metalls durch Überbeizen oder auch für die Intensität des Säureangriffs im Falle einer mechanischen Beschädigung der Zunderschicht.

Es zeigt sich, daß bei einer Beizdauer bis zu einer Stunde ein erheblicher Eisenangriff bis zu Temperaturen von 60° bei keiner der verwandten Schwefelsäurebeizen im Konzentrationsbereich von 5 bis 30 % auftritt, daß jedoch bei höheren Temperaturen das Eisen mit zunehmender Geschwindigkeit in Lösung geht, und zwar um so schneller, je konzentrierter die Säure ist.

Bei zweistündiger Beizdauer tritt ein beschleunigter Eisenangriff unter sonst gleichen Bedingungen schon bei Temperaturen von 40° an ein. Ähnlich verhält sich der Eisenangriff bei vierstündiger Beizzeit, nur mit dem Unterschied, daß der Angriff oberhalb 40° noch erheblicher ist.

Demnach bleibt der Metallverlust bei einer Beizzeit bis zu einer Stunde bei allen Säurekonzentrationen und bis zu Temperaturen von 60° so gering, daß eine Narbenbildung nicht zu befürchten ist und andererseits die Beizlösung nicht zu schnell verbraucht wird. Falls die Beizzeiten bis auf 2 oder sogar 4 Stunden heraufgesetzt werden müssen, liegen die entsprechenden Temperaturen, bis zu denen ein noch tragbarer Eisenangriff auftritt, bei 40°.

Beim Beizen mit Salzsäure ist der Metallverlust im Vergleich zu dem durch Schwefelsäure unter sonst gleichen Bedingungen hervorgerufenen wesentlich stärker.

Bei einstündiger Einwirkung der Säure sind die Eisenverluste schon bei Raumtemperatur nahezu so stark wie in Schwefelsäure bei 80°.

Bei niedrigen Temperaturen bis zu 40° nehmen sie in stärkerem Maße zu. Ähnliche Verhältnisse ergeben sich für eine zweistündige Beizzeit. Der schnell einsetzende starke Angriff der Beizsäure beginnt beim Salzsäurebeizen durchweg schon bei um 20° niedriger liegenden Temperaturen als beim Schwefelsäurebeizen. Der Einfluß der Säurekonzentration auf den Eisenangriff ist um ein Vielfaches geringer. Die Gefahr des Überbeizens und damit eines starken Metallverlustes sowie der damit oft verknüpften Schädigung der Oberfläche wird somit in erster Linie durch erhöhte Beiztemperaturen gefördert. Daher ist es erforderlich, beim Beizen unter höheren Temperaturen die geringstmöglichen Beizzeiten einzuhalten.

Zu den durch das Überbeizen hervorgerufenen Schädigungen des Werkstoffes gehört auch die Bildung von Beizblasen; sie wurden besonders an Blechen beobachtet, die in Schwefelsäure gebeizt sind.

Versprödung des Werkstoffes

Beim Beizen in höher konzentrierten Lösungen von Schwefelsäure muß man mit einer geringfügigen Zerstörung des Gitters durch den diffundierten Wasserstoff rechnen. So sinkt die Dehnung von 33,2 % im Ausgangszustand auf 28,0 % bzw. 28,8 % nach dem Beizen bei Temperaturen von 60 bis 100°.

Beim Beizen mit Salzsäure ist die Versprödung unter den genannten Bedingungen weniger stark. Eine merkliche Verminderung der Dehnung tritt nur bei der 20 %igen Säure ein, wo sie gegenüber dem Ausgangszustand um etwa 3 bis 4 % verringert ist.

Forschungsberichte des Wirtschafts- und Verkehrsministeriums Nordrhein-Westfalen

Wasserstoffabgabe nach dem Beizen

Von allen bei Raumtemperatur gebeizten Proben wird unabhängig von der Säurekonzentration beim Schwefelsäurebeizen am meisten Wasserstoff abgegeben. Mit steigender Beiztemperatur wird die Menge des entweichenden Wasserstoffs geringer. Dieser Abfall ist bis zu Temperaturen von 40° besonders stark.

Einfluß des Beizens auf die Rauhigkeit der Oberfläche

Erhöhter Metallverlust beim Beizen, sei es durch zu lange Beizzeiten, zu starke Säurekonzentrationen oder zu hohe Beiztemperaturen hat weniger eine Änderung der Makrorauhigkeit als eine Verstärkung der Mikrorauhigkeit zur Folge.

Dem größeren Säuregehalt der Schwefelsäure von 93,2 % im Vergleich zu Salzsäure mit 31,5 % entspricht eine Eisenlöslichkeit in 1 kg der entsprechenden Säuren von 530,1 g bzw. 261,6 g; d.h. die Wirksamkeit der Schwefelsäure ist etwa zweimal so groß wie die der Salzsäure. Der hierdurch bedingten Überlegenheit der Schwefelsäure müssen die Kosten für die Erwärmung der Säure gegenübergestellt werden. Schwefelsäure wird vorteilhaft verwendet, solange die Kosten für die Heizung dieser Bäder den Kostenunterschied für beide Säuren nicht überschreiten.

Einfluß verschiedener Sparbeizzusätze beim chemischen Beizen

Da die Einwirkung der Sparbeizen auf der Bildung einer Schicht beruht, welche der metallischen Oberfläche fest anhaftet, erstreckt sich ihre Prüfung auch auf die Haftfestigkeit dieser Schutzschichten auf dem Blech, für die ihre Säurelöslichkeit und das Maß der Neigung der Bleche zu Neurostbildung nach dem Beizen einen Anhalt geben soll.

Für die Beurteilung der Inhibitorwirkung wurde neben einer 15 %igen Salzsäurelösung eine 1o- und eine 2o %ige Schwefelsäurelösung gewählt. Um die Schutzwirkung herauszustellen, wurden jeweils die verwandten Beizlösungen in reiner Form ohne Zusatz mitgeprüft. Zur Ermittlung des Schutzwertes der Sparbeizen bei erhöhten Temperaturen wurden unter sonst gleichen Bedingungen auch die auf 60° erwärmten Schwefelsäurelösungen mitgeprüft.

Durch Sparbeizzusatz wird in jedem Fall ein Schutz gegen den Eisenangriff erzielt, die Hemmwirkung der verschiedenen Inhibitoren ist jedoch unter sonst gleichen Bedingungen, d.h. bei gleicher Säurekonzentration und Temperatur, unterschiedlich. Die verschiedenartige Schutzwirkung tritt mit längerer Beizdauer mehr in Erscheinung. Die Berechnung des Schutzwertes ergibt jedoch, daß die relative Schutzwirkung der Sparbeizen bei verschiedenen Beizzeiten angenähert die gleichen Werte hat. Die Untersuchung des Einflusses der Säurekonzentration in 1o- und 2o %iger Schwefelsäurelösung ergab eine geringe Abnahme der Schutzwirkung bei niedriger Säurekonzentration. In den auf 60° erwärmten Beizlösungen ist der Metallverlust um ein Vielfaches stärker als in der kalten Säure, besonders bei langen Einwirkungszeiten. Die Schutzwirkung ist bei der 2o %igen Säure wieder etwas größer.

Eine zahlenmäßige Angabe der Schutzwerte der einzelnen Sparbeizen ergibt sich aus dem Gewichtsverlust in der reinen Säure (U) und in der inhibitorhaltigen (V) nach Gleichung

$$S = \frac{U \cdot V}{U} \cdot 100 \%$$

Der Wert soll für eine gute Sparbeize mindestens 8o % betragen, doch nimmt die Schutzwirkung bei erhöhter Temperatur bei allen Sparbeizen ab und sinkt z.T. unter 8o %.

Der Vergleich verschiedener Beizzeiten in gleicher Lösung zeigt, daß die Beizzeit in Schwefelsäurebädern im allgemeinen durch den Sparbeizzusatz etwas verlängert wird, während die Beizzeit bei Verwendung von Salzsäure durch den Inhibitorzusatz nicht beeinflußt wird. Die Versprödung der Bleche ist beim Beizen mit Sparbeize im Vergleich zum einfachen Säurebeizen geringer.

Die durch die Sparbeize entstehenden Beschläge auf der Oberfläche können bis zu einem gewissen Grade durch heißes Spülen beseitigt werden. Die Löslichkeit ist bei den in reiner 2o %iger Schwefelsäure gebeizten Blechen am stärksten. Die Beständigkeit der durch die verschiedenen Inhibitoren gebildeten Filme steht in engem Zusammenhang mit ihrer eisenschützenden Wirkung und ist allgemein beim Beizen in heißer Lösung geringer.

Nach achttägiger Lagerung an feuchter Luft sind alle Bleche, die eine Stunde in Schwefelsäure gebeizt waren, mit einer gleichmäßigen, dünnen Rostschicht bedeckt, während die Bleche, die 1,6 und 24 Stunden sowohl in heißer wie in kalter, sparbeizhaltiger Säure gebeizt waren, nur vereinzelt Ansätze zu Neurostbildung zeigten. Eine unmittelbare Folge des Zusatzes von Sparbeizen in Zusammenhang mit der eisenschützenden Wirkung ist eine verminderte Aufrauhung der Oberfläche.

Forschungsberichte des Wirtschafts- und Verkehrsministeriums Nordrhein-Westfalen

Die Schutzwirkung der Sparbeizen hängt weitgehend von dem Gehalt des Stahls an Begleitelementen und Seigerungen ab. Dadurch kann bei einem Blech die Beizwirkung an verschiedenen Blechabschnitten sehr unterschiedlich sein, entsprechend ihrer jeweiligen Lage im Blech. Besonders in unberuhigten Stahlgüten ist diese unterschiedliche Hemmwirkung in ausgeprägtem Maße zu erwarten.

Das Beizen unterschiedlicher Stahlgüten

Das Säurebeizen von Blechen mit reinen und sparbeizhaltigen Schwefelsäurelösungen führt hinsichtlich der eisenangreifenden Wirkung zu einer an sich bekannten höheren Löslichkeit des Thomasstahls im Vergleich zu S.-M.-Stahl. Die geringere Löslichkeit der S.-M.-Stähle kommt erst nach längerer Säureeinwirkung von ca. 4 Stunden zum Ausdruck. Durch Sparbeizzusatz wird die Löslichkeit der Bleche aus Thomasstahl in stärkerem Maße herabgesetzt als die der S.-M.-Stahlbleche. Demnach tritt eine stärkere Adsorption der durch Sparbeize gebildeten Schutzschichten an der Oberfläche des Thomasstahls ein, womit die Gefahr des Überbeizens bei diesen Stählen stärker herabgesetzt wird. Die Untersuchung der Versprödung nach dem Beizen ergibt eine stärkere Versprödung der Thomasbleche im Vergleich zu den S.-M.-Stahlblechen.

Ein Zusammenhang zwischen dem Eisenverlust beim Beizen und dem Gehalt der Stähle an jeweiligen Begleitelementen konnte nicht mit Sicherheit gefunden werden. Hinsichtlich des C-, Mn-, S-, sowie P + S-Gehaltes kann eindeutig keine Abhängigkeit festgestellt werden.

Einfluß geringer Cu- und Ni- Gehalte im Stahl auf die Zunderbildung und Löslichkeit

Die Verwendung von S.-M.-Stahl, der in den Nachkriegsjahren häufig aus Schrott mit geringen Roheisenzusätzen erschmolzen wurde, hat eine allmähliche Steigerung des Cu- und z.T. auch Ni-Gehaltes dieser Stähle zur Folge.

Es ist bekannt, daß sich beim Glühen legierter Stähle die meist in geringer Menge vorhandenen Elemente an der Grenze Zunder/ Metall anreichern. Für die Ausbildungsform dieser Schichten spielen Glühbedingungen sowie Erhitzungs- und Abkühlungsgeschwindigkeit eine große Rolle. Ihr Einfluß auf die Oberflächenbeschaffenheit des Stahls wird davon abhängen, bis zu welchem Grade sie bei der Zunderlösung mit entfernt werden und ob die Loslösung der mit Legierungselementen z.T. angereicherten Zunderschicht unter

Forschungsberichte des Wirtschafts- und Verkehrsministeriums Nordrhein-Westfalen

normalen Beizbedingungen unverändert vor sich geht. Nach dem Glühen von Stählen mit relativ hohen Gehalten an Cu und Ni bewirkt langsame Abkühlung allgemein eine etwas raschere Entzunderung. Der Zunder ist leichter zu entfernen, wenn er langsam aus Temperaturen von $500°$, schwerer, wenn er von höheren Temperaturen an Luft abgekühlt wird.

Die Abzunderung, ausgedrückt in der Menge des gebildeten und beim Beizen entfernten Zunders, ist bei den im Ofen abgekühlten Proben durchweg etwas größer als bei den an Luft abgekühlten.

Der Einfluß der Erhitzungsgeschwindigkeit kommt deutlicher zum Ausdruck, und zwar hat die schnelle Erhitzung bei fast allen Proben eine stärkere Verzunderung zur Folge.

Elektrolytisches Beizen

Beim elektrolytischen Beizen ist es möglich, den Beizvorgang außer durch Variation von Beiztemperatur und Säurekonzentration vorwiegend durch die Anwendung unterschiedlicher Stromdichten zu lenken.

Als Beizen wurden eine 10 %ige Schwefelsäure und eine 15 %ige Salzsäure sowie eine Salzschmelze aus Natriumnitrit gewählt; die Temperaturen waren für die Salzsäure $20°$ und für die Schwefelsäure $60°$, während die Salzschmelze eine Temperatur von $450°$ erfordert.

Erst Stromdichten von 1 bis 3 Amp/dm^2 und darüber hinaus bewirken eine beschleunigte Entzunderung gegenüber dem Säurebeizen.

Die Metallverluste nehmen, bei Salzsäure schneller als bei Schwefelsäure, mit steigender Stromdichte zu. Bei Salzsäure tritt bei Stromdichten von 50 bis 100 Amp/dm^2 ein sprunghafter Anstieg des Eisenverlustes ein. Er ist mit einer starken Einebnung der Oberfläche verbunden, die zu einer ausgesprochenen Polierwirkung führt. Diese Erscheinung tritt beim Beizen mit Salzsäure ausgeprägter auf als mit Schwefelsäure.

Die Wasserstoffaufnahme, gemessen an dem nach dem Beizen wieder abgegebenen Wasserstoff, ist bei der anodischen Entzunderung sehr gering. Bei Stromdichten unter 50 Amp/dm^2 konnten keine Werte ermittelt werden. Die Dehnung anodisch behandelter Proben ist bei den angewandten Stromdichten für Beizzeiten, die der Entzunderungszeit entsprechen, unverändert im Vergleich zum Ausgangszustand. Erst bei längeren Beizzeiten von 10 Minuten tritt ein Rückgang der Dehnung ein.

Forschungsberichte des Wirtschafts- und Verkehrsministeriums Nordrhein-Westfalen

Die Rauhigkeit der Oberfläche mit zunehmender Stromdichte beim anodischen Beizen ist bei Anwendung von Salzsäure etwas größer als bei Schwefelsäure, entsprechend dem stärkeren Metallangriff. Die Einebnung der Oberfläche ruft eine sonst beim elektrolytischen Polieren auftretende Glanzwirkung hervor.

Kathodisches Beizen

Die Entzunderung geht grundsätzlich bei gleichen Stromdichten mit derselben Geschwindigkeit vor sich wie beim anodischen Beizen; lediglich bei Schwefelsäure sind die Beizzeiten schon bei niedrigen Stromdichten etwas geringer.

Der Metallverlust ist im Vergleich zum anodischen Beizen gering, in Anbetracht der kathodischen Schaltung dagegen erheblich. Der Angriff auf das Eisen nimmt mit steigender Stromdichte, unabhängig von der Art des Elektrolyten, zu. Der Lösung des Eisens entspricht eine Aufrauhung der Oberfläche. Von einer bestimmten Mindeststromdichte ab führt der Eisenangriff bei allen Elektrolyten zu einer leichten Anätzung der Oberfläche.

Die Wasserstoffabgabe steigt beim Beizen in Salzsäure in stärkerem Maße als bei Schwefelsäure an. Bei den in der Salzschmelze gebeizten Proben konnten keine Werte gemessen werden.

Die Versprödung der Bleche ist beim Schwefelsäurebeizen etwas stärker als beim Salzsäurebeizen; das kathodische Beizen in der Salzschmelze bewirkt auch bei höheren Stromdichten nur eine geringe Versprödung des Werkstoffes.

Zusammenfassung

Für Lösungen von Schwefelsäure und Salzsäure ergibt sich eine Abnahme der Beizzeit mit der Konzentration. Der Einfluß erhöhter Temperatur ist für Schwefelsäurelösungen ausgeprägter wegen des bei diesen Lösungen nur sehr schwachen Angriffs bei Raumtemperatur. Die stärkere Wasserstoffaufnahme beim Beizen in Schwefelsäure im Vergleich zu Salzsäure führt zu einer allgemein bei beiden Lösungen mit Temperatur und Konzentration zunehmenden Versprödung und ist auf den stärkeren Eisenangriff und die damit verbundene Wasserstoffentwicklung zurückzuführen. Das Verhältnis des nach dem Beizen wieder abgegebenen Wasserstoffs zum gesamt aufgenommenen ist bei niedrigen Beiztemperaturen größer als bei erhöhten.

Das elektrolytische Beizen bewirkt eine durch die Stromdichte bedingte

Forschungsberichte des Wirtschafts- und Verkehrsministeriums Nordrhein-Westfalen

wesentliche Verkürzung der Beizzeit auf wenige Minuten oder Sekunden. Anodische Schaltung fördert die Metallabtragung, kathodische eine erhöhte Wasserstoffaufnahme, die mit einer mit der Stromdichte in ähnlichem Verhältnis zunehmenden Versprödung verbunden ist.

Die je nach Art des Verfahrens unterschiedliche Wasserstoffaufnahme - und zwar besonders des leichter gebundenen, später wieder entweichenden Gases - läßt die Anwendung niedriger Beiztemperaturen für eine Vorbereitung der Oberfläche vor der Veredlung als wenig geeignet erscheinen, ebenso die mit Säurekonzentration und Temperatur zunehmende Aufrauhung der Oberfläche.

Der Vergleich unterschiedlicher Stahlgüten beim Beizen unter gleichen Bedingungen ergibt für S.-M.-Stähle einen verminderten Eisenverlust, der eine dem Grad der Rauhigkeit nach höhere Oberflächengüte erwarten läßt. Die Schutzwirkung sparbeizhaltiger Lösungen ist bei Thomasstahl größer.

Professor Dr.-Ing. e.h. W. EILENDER und
Dr.-Ing. RUTH PETRI,
Technische Hochschule, Aachen

Forschungsberichte des Wirtschafts- und Verkehrsministeriums Nordrhein-Westfalen

3. Über die Wirkung von Sparbeizen beim Säurebeizen von Blechen

Sparbeizen werden bekanntlich den Beizbädern (Schwefelsäure- und Salzsäurelösungen) zugesetzt, um den Angriff auf das metallische Eisen weitgehend herabzusetzen, ohne die Geschwindigkeit der Zunderlösung zu beeinträchtigen. Ein damit verbundener wirtschaftlicher Vorteil ist zunächst das Vermeiden unnötigen Metall- und Säureverlustes. Weiterhin wird das sogenannte Überbeizen verhindert, durch das die Blechoberfläche meist ungleichmäßig und z.T. stark aufgerauht wird und häufig tiefe Narben erhält, die es für eine Veredlung unbrauchbar machen, gleichzeitig auch die damit verbundene erhebliche Wasserstoffaufnahme des Eisens unterbunden, die zu seiner Versprödung führt oder Beizblasenbildung verursacht. Das Versprühen des Beizbades, hervorgerufen durch die starke Wasserstoffentwicklung bei der Reaktion zwischen Eisen und Säure, wird durch die Hemmwirkung, die die Sparbeizen auf diese Reaktion ausüben, fast gänzlich vermieden. Das Arbeiten mit diesen Bädern wird dadurch erleichtert.

Dieser im Vergleich zum einfachen Säurebeizen stark verringerte Eisenangriff bedeutet neben dem geringeren Säureverbrauch eine erhebliche Steigerung der Güte gebeizter Bleche. Es ist deshalb verständlich, daß heute fast ausnahmslos in Säuregemischen mit Sparbeizzusatz entzundert wird und daß im Laufe der Jahre eine große Anzahl verschiedener Sparbeizen in den Handel gebracht wurde. Ihre Zusammensetzung ist meist patentrechtlich geschützt und wird nur selten angegeben. Es handelt sich jedoch um organische Stoffe, die in der beschriebenen Weise wirken. Die Angaben über die zur Verwendung empfohlenen Sparbeizen beschränken sich meist auf die für eine Schutzwirkung erforderlichen Mengen, die mit 1 % bis 1 ‰ sehr gering sind. Wie weit sich eine Sparbeize für eine vorgeschriebene Beizbehandlung eignet, die als Vorbereitung der Oberfläche für eine Veredlung in vielen Fällen besonders wesentlich ist, muß dann jeweils nach längerem Gebrauch der Lösung entschieden werden. Es schien daher zweckmäßig, die Einwirkung verschiedener Sparbeizen auf die Blechoberfläche in einer vergleichenden Untersuchung festzustellen und einen Anhalt für die möglichen Unterschiede in ihrer Schutzwirkung zu gewinnen.

Theorie der Wirkung der Sparbeizen

Zur Deutung der Vorgänge, die die hohe Schutzwirkung der Sparbeizen an der metallischen Oberfläche herbeiführen, sind bereits zahlreiche Untersuchungen durchgeführt worden [1] bis [4]. Hierzu bestehen im wesentlichen zwei Theorien, die zum besseren Verständnis der Wirkungsweise der Sparbeizen zunächst kurz beschrieben werden sollen. Nach der einen wird durch Elektrolyse eine Schutzschicht auf der metallischen Oberfläche gebildet. Dabei wird vorausgesetzt, daß es sich bei der Lösung des Eisens in Säure um einen elektrochemischen Vorgang handelt, d.h. daß das Metall sich in der Säure in dem Maße auflöst, wie Lokalströme fließen. Diese Reaktion wird immer dann gehemmt, wenn sich an den kathodischen oder anodischen Stellen dieser Lokalelemente eine Schutzschicht bildet. Nach dieser Theorie eignen sich Stoffe zur Herbeiführung einer Inhibitorwirkung besonders gut, die in saurer Lösung, also der üblichen Beizlösung, Salze mit großem Kation bilden, weil die Fläche der Lokalkathoden sehr viel kleiner sein soll, als die der Lokalanoden, so daß es schneller zu einer wirksamen Bedeckung kommt, die den elektrochemischen Vorgang und damit die Auflösung des metallischen Eisens hemmt.

Zu den Stoffen, die diese geforderten Eigenschaften haben, gehören vor allem organische Basen. Ein großer Teil der Sparbeizen mit bekannter Zusammensetzung besteht aus solchen Basen. Als Beispiel seien Chinolin, Alkaloide, Amine und Thioharnstoffe genannt. In gleicher Weise sind Kolloide wie Leim, Gelatine u.a.m. wirksam, da die elektrisch geladenen Kolloidteilchen ebenfalls die Bildung einer Schutzschicht durch Elektrolyse fördern. Die Oberflächenspannung und das Potential der Metalle werden durch diese Filme nicht in solchem Maße geändert, daß sie für die Hemmwirkung verantwortlich gemacht werden könnten.

Die zweite Deutung wurde in erster Linie von W. MACHU entwickelt. Nach ihr entsteht durch reine Adsorption der Sparbeize, die am metallischen Eisen bedeutend stärker als am Zunder ist, eine Schutzschicht, deren besondere physikalische und chemische Eigenschaften den verringerten Angriff der Säure auf das Metall erklären. Da diese Schicht nicht dicht ist, sondern bis zu 60 % freie Porenfläche besitzt, kann sie für eine rein mechanische Abdeckung des Metalls nicht ausreichen. Die Hemmwirkung ist dagegen bis zu einem gewissen Grade dem elektrischen Widerstand des Schutzfilms proportional, so daß von jenen Sparbeizen die stärkste Inhibitorwirkung zu erwarten ist, die Filme mit hohem elektrischen Widerstand bilden. Sie liegen in der sogenannten Nadelkissenstruktur vor, die durch Molekülketten des organischen Stoffes mit sehr engen, kapillaren Zwischenräumen gebildet wird. Die Diffusion der Ionen des Elektrolyten wird dadurch erschwert und schließlich verhindert, so daß sich kein Metall mehr auflöst.

Forschungsberichte des Wirtschafts- und Verkehrsministeriums Nordrhein-Westfalen

V e r s u c h e

Die Prüfung und Beurteilung der Sparbeizen erstreckte sich bei der Untersuchung, über die im folgenden berichtet wird, auf folgende Punkte:

1. Beizzeit
2. eisenangreifende Wirkung
3. Bestimmung des Schutzwertes
4. verminderte Versprödung der Bleche durch Wasserstoffaufnahme
5. Haftfestigkeit der Schutzschichten
6. Neigung der Bleche zu Neurostbildung
7. Oberflächenrauhigkeit
8. Einfluß der Stahlzusammensetzung

Die Versuche wurden mit 1 mm dicken 40 x 40 mm großen Probestücken durchgeführt, die alle der Randzone einer Blechtafel aus weichem Flußstahl (St 37) entnommen wurden. Sie waren mit einer gleichmäßigen Zunderschicht überzogen und wurden zunächst entfettet, um einen einheitlichen Ausgangszustand herzustellen, der die ungehinderte Einwirkung der Beizsäuren gewährleisten sollte.

Acht verschiedene sparbeizhaltige Lösungen wurden angewandt. Um die Schutzwirkung des Inhibitors allein festzustellen, wurden daneben jeweils die verwandten Beizlösungen in reiner Form, ohne Zusatz mitgeprüft: Eine 10- und eine 20 %ige Schwefelsäurelösung sowie eine Salzsäurelösung 1:1.

Die Prüfung wurde weitgehend nach den Richtlinien des Ausschusses für Oberflächenschutz [5] durchgeführt. Deshalb wurde als Beize zunächst einmal eine 20 %ige Schwefelsäurelösung gewählt. Es wurde bei Raumtemperatur gearbeitet, um die Inhibitorwirkung in einem möglichst großen Zeitraum beobachten zu können.

Zur Feststellung des Einflusses unterschiedlicher Säurekonzentration wurde in einer zweiten Versuchsreihe unter sonst gleichen Bedingungen von einer 10 %igen Schwefelsäurelösung ausgegangen. Weiterhin wurde mit einer 10 %igen heißen Schwefelsäure (60° C) gearbeitet, um die Einwirkung erhöhter Temperatur mit zu erfassen und ein Bild von dem Verhalten der Bleche bei den im praktischen Betrieb üblichen Beizbedingungen zu bekommen.

Die Bleche wurden in je 350 cm^3 Lösung gebeizt, da das Verhältnis von Blechoberfläche in cm^2 zur Badlösung in cm^3 bei diesen Prüfungen wenigstens

1 : 10 betragen soll. Es wurde gemäß den Vorschriften darauf geachtet, daß der obere Rand der Proben mehr als 10 mm unterhalb der Grenze Luft/Lösung lag. Nach dem Beizen wurden alle Bleche in fließendem kalten und anschließend in heißem Wasser gespült, darauf im Trockenschrank bei 110°C getrocknet.

Die eisenangreifende Wirkung verschiedener Sparbeizlösungen ist in Abb. 19 bis 21 bei Beizzeiten von 1 bis 24 Stunden dargestellt. Bei den Lösungen 1 bis 7 handelt es sich um Beizen aus 20 %iger Schwefelsäure mit verschiedenen Sparbeizzusätzen, Lösung 8 und 9 sind Salzsäurebeizen, und zwar Lösung 8 mit Sparbeizzusatz und Lösung 9 mit Formalin und Ferrosulfat. Lösung 10 ist reine 20 %ige Schwefelsäure und Lösung 11 reine Salzsäure 1 : 1 zum Vergleich.

Es ist ersichtlich, daß durch Sparbeizzusatz in jedem Fall ein Schutz gegen den Eisenangriff erzielt wird, jedoch ist die Hemmwirkung der verschiedenen Inhibitoren unter sonst gleichen Bedingungen, d.h. bei gleicher Säurekonzentration und Temperatur, sehr unterschiedlich. Die verschiedenartige Schutzwirkung tritt mit längerer Beizdauer immer mehr in Erscheinung. So beträgt z.B. die Differenz der Eisenverluste zwischen Beize 1 und 2 nach sechsstündiger Beizzeit nur etwa 60 g/m^2, nach 24 stündiger Beizzeit etwa 210 g/m^2. Die Berechnung des Schutzwertes ergab jedoch, daß die relative Schutzwirkung der Sparbeizen bei verschiedenen

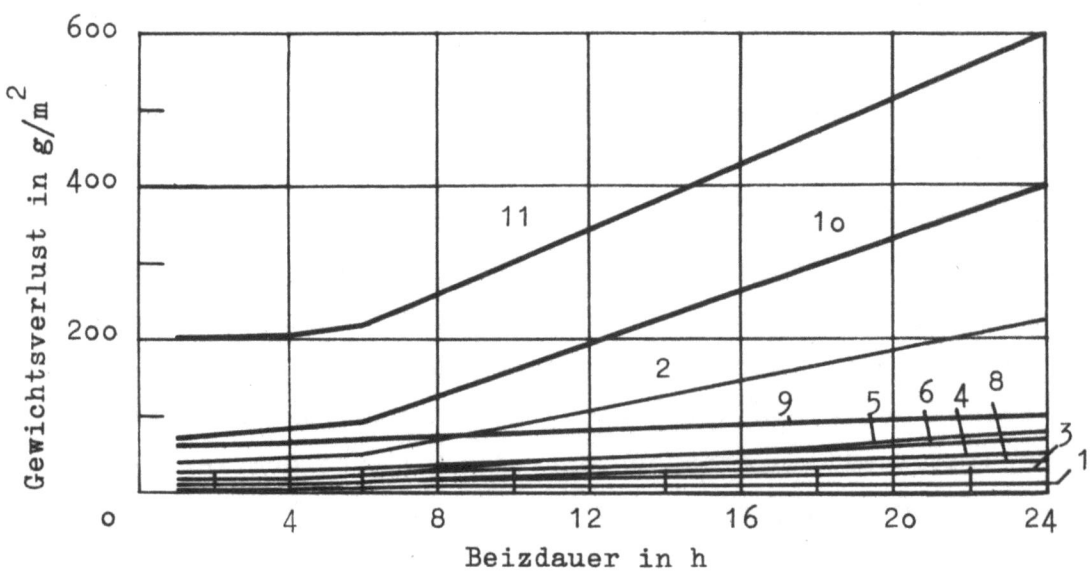

Abbildung 19

Eisenangreifende Wirkung verschiedener Beizlösungen in Abhängigkeit von der Beizzeit (20 %ige Schwefelsäure)

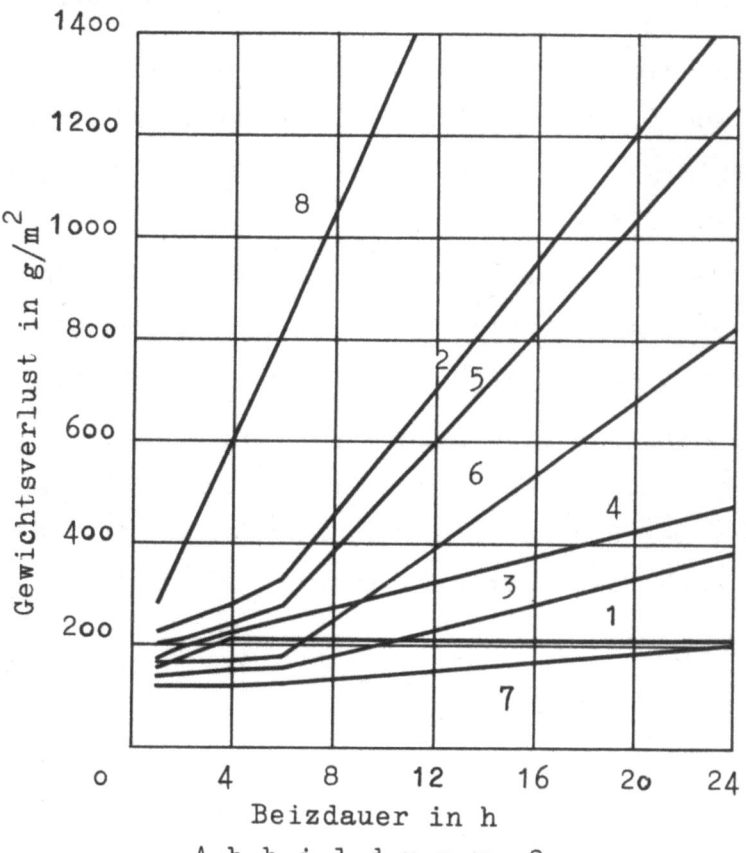

Abbildung 20

Eisenangreifende Wirkung verschiedener Beizlösungen in Abhängigkeit von der Beizzeit (10 %ige Schwefelsäure, 60° C)

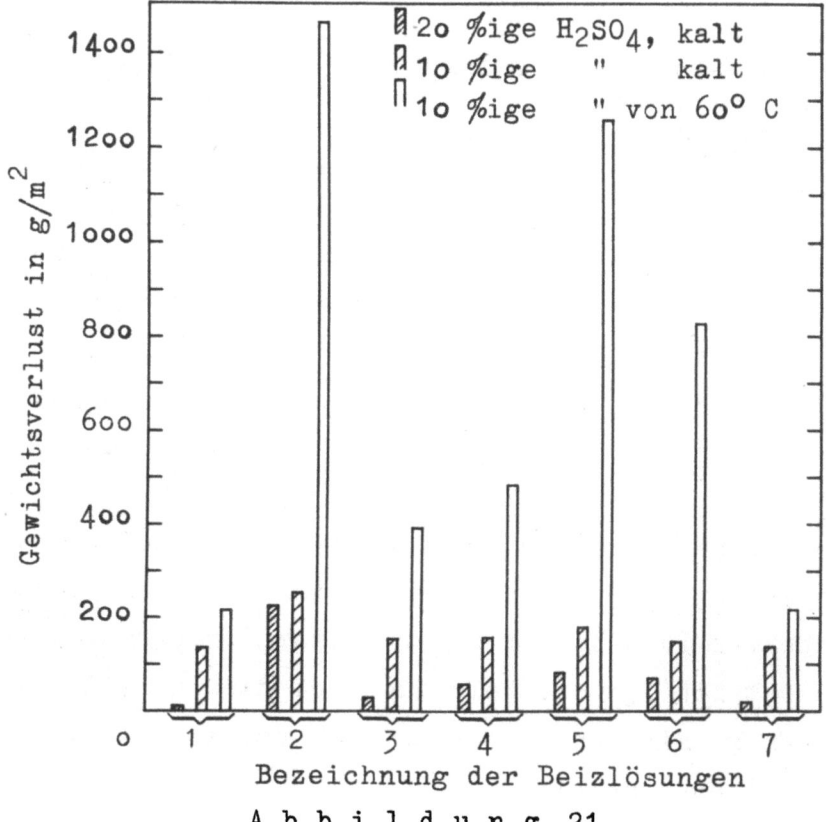

Abbildung 21

Eisenangreifende Wirkung der verschiedenen Sparbeizen in Abhängigkeit von der Art der Säure

Beizzeiten annähernd die gleichen Werte hatte. Die günstigste Wirkung haben Sparbeize 1 und 3, da der Eisenverlust auch nach langer Beizzeit nur unerheblich ansteigt, d.h. die Gefahr für ein Überbeizen der Bleche weitgehend herabgesetzt wird.

Abb. 20 zeigt die Ergebnisse derselben Versuche mit 10 %iger Schwefelsäure re bei 60° C. Die eisenangreifende Wirkung ist hier um ein Vielfaches stärker als in der kalten Säure, besonders bei langen Beizzeiten.

Tabelle 2 gibt eine zahlenmäßige Angabe des Schutzwertes der einzelnen Sparbeizen in den beiden Säurelösungen. Der Schutzwert ergibt sich aus dem Gewichtsverlust der Bleche in der reinen Säure (u) und in der inhibitorhaltigen (v) nach folgender Gleichung:

$$S = \frac{u - v}{u} \cdot 100 \text{ \%}$$

Der Wert soll für eine gute Sparbeize wenigstens 80 % betragen.

Tabelle 2
Schutzwert verschiedener Sparbeizen

Sparbeizlösung	Schutzwert in %	
	in 20 %iger Schwefelsäure kalt	in 10 %iger Schwefelsäure heiß
1	96	72,7
2	55	47,5
3	90	74,1
4	87	66,9
5	80	54,1
6	80	65,6
7	91	80,1

Die Schutzwerte ergaben sich als Mittelwerte aus Messungen des Eisenverlustes bei einer, vier und vierundzwanzig Stunden. Die schützende Wirkung aller Sparbeizen läßt bei erhöhter Temperatur sehr rasch nach. Im praktischen Beizbetrieb ist die Beizdauer bei diesen heißen Lösungen jedoch meist auf wenige Minuten beschränkt, in denen sich die verringerte Hemmwirkung noch nicht auswirkt.

Tabelle 3

Beizzeiten in verschiedenen Lösungen

Beizdauer in Minuten

Sparbeizzusatz	20 %ige Schwefelsäure kalt	10 %ige Schwefelsäure kalt	60°	Salzsäure 1 : 1
	95	110	4	
1	105	120	6	
2	105	115	5	
3	105	120	4 bis 5	
4	120	130	7	
5	120	135	6	
6	125	130	7	
7	120	125	6	
8				4
9				4
11				4

Abb. 21 zeigt eine Gegenüberstellung der eisenangreifenden Wirkung nach 24-stündiger Beizzeit für die 10- und 20 %ige kalte Schwefelsäure und die 10 %ige heiße Schwefelsäure. Der Schutzwert nimmt mit der Säurekonzentration und der Temperatur ab. Dabei scheint jedoch die Hemmwirkung der einzelnen Stoffe sich unter bestimmten Bedingungen zu unterscheiden; während einige Inhibitoren ihre schützende Wirkung bei erhöhter Temperatur in erheblichem Maße verlieren, ist bei anderen der Einfluß der Temperatur nicht größer als der Einfluß der Säurekonzentration.

Bei den Schwefelsäurelösungen wird die Beizzeit durch den Sparbeizzusatz etwas verlängert. Das mag auf die herabgesetzte Wasserstoffentwicklung zurückzuführen sein, da sich der Zunder bekanntlich bei Schwefelsäure vorwiegend durch mechanisches Absprengen mit Hilfe des bei der Eisenauflösung entwickelten Wasserstoffs löst. Da Salzsäure vorwiegend durch Lösung der Eisenoxyde beizend wirkt, beeinflußt der Inhibitorzusatz hier die Beizzeit nicht (Tabelle 3).

Die Versprödung der Bleche nach dem Beizen in den beschriebenen Lösungen bei 4- und 24-stündiger Beizzeit, gemessen an der Abnahme der Dehnung, zeigt Abb. 22. Unter der Bezeichnung A ist die Dehnung des Bleches

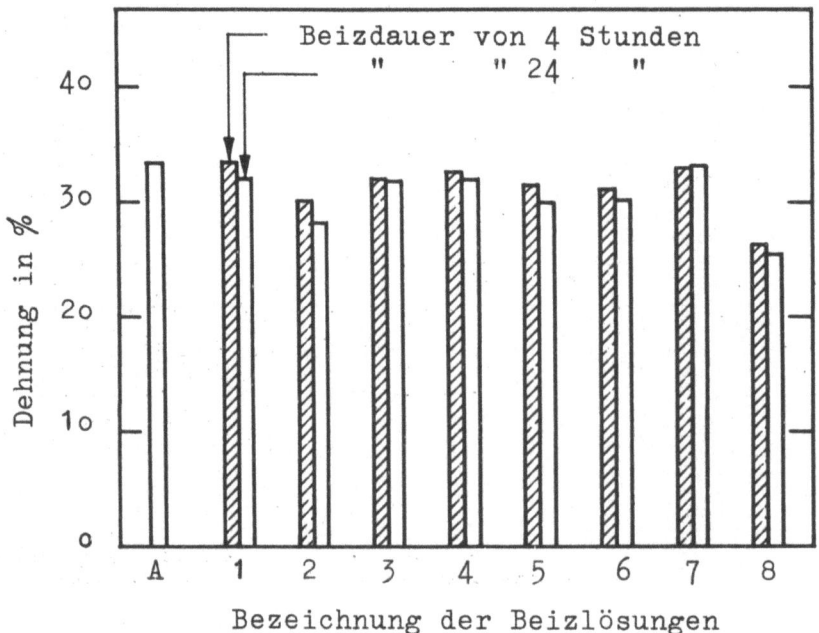

Abbildung 22

Einfluß verschiedener Sparbeizlösungen auf die Versprödung der Bleche durch Wasserstoffaufnahme in Abhängigkeit von der Beizdauer

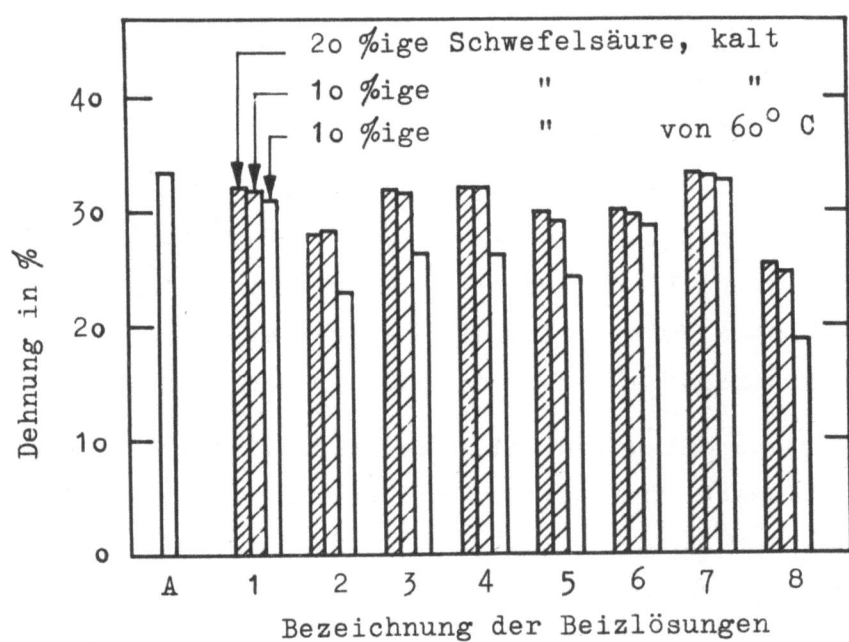

Abbildung 23

Einfluß verschiedener Sparbeizlösungen auf die Versprödung der Bleche durch Wasserstoffaufnahme in Abhängigkeit von Säurekonzentration und Temperatur im unbehandelten Ausgangszustand dargestellt, Lösung 8 ist sparbeizfreie 20 %ige Schwefelsäure, während unter der Bezeichnung 1 bis 7 die sparbeizhaltigen Lösungen angegeben sind. Die Versuche wurden an Probestäben nach DIN 50 114 durchgeführt. Die Angaben entsprechen jeweils Mittelwerten aus drei Messungen. Auch hier ist ein unterschiedliches Verhalten der einzelnen Sparbeizen zu erkennen, ohne daß in jedem Falle ein Zusammenhang zwischen der eisenschützenden Wirkung und der Herabsetzung der Wasserstoffaufnahme festzustellen wäre. Alle inhibitorhaltigen Lösungen sind jedoch der 20 %igen Schwefelsäure ohne Zusatz hinsichtlich der Wasserstoffaufnahme überlegen. Bei Sparbeize 1 und 7 scheint sie ganz unterbunden zu werden, die Dehnungswerte entsprechen denen des unbehandelten Bleches. Die Dehnung ändert sich bei allen Lösungen mit der Beizdauer nur geringfügig. Die Säurekonzentration hat in den Grenzen von 10 bis 20 % unter sonst gleichen Bedingungen, also bei gleicher Temperatur, ebenfalls keinen merklichen Einfluß (Abb. 23). Erst erhöhte Beiztemperaturen führen bei langen Beizzeiten zu einer merklichen Dehnungsabnahme, wie auch aus Abb. 23 hervorgeht.

Beim Aufbringen einer Deckschicht macht sich eine Wasserstoffbeladung des Bleches meist sehr störend bemerkbar. Beim allmählichen Entweichen des Gases kommt es zum Abheben oder Abblättern des Überzuges, zu unerwünschter Blasenbildung und erhöhter Porosität. Zur Vermeidung dieser Fehler kommt der Verwendung sparbeizhaltiger Lösungen besondere Bedeutung zu.

Das Haften der beim Beizen auf der Blechoberfläche entstehenden Schutzschichten ist für die spätere Veredlung häufig von Nachteil. Bekanntlich hängt die Güte eines metallischen Überzuges, gemessen an seiner Haftfestigkeit und Porosität, entscheidend von der reinen metallischen Verbindung des Überzugmetalls mit dem Grundmetall ab. Deshalb wurden gebeizte Bleche vor dem Galvanisieren immer schon sorgfältig gespült. Da die Wirkung der Sparbeizen auf der Bildung einer Oberflächenschicht beruht, über deren chemische Eigenschaften noch nicht viel ausgesagt werden kann, die jedoch leicht einen Einfluß auf die Veredlung der Bleche haben kann, war zu untersuchen, wie weit es gelingt, diese Schichten durch Spülen zu beseitigen. Dazu wurden je drei Probebleche, die vier Stunden in den verschiedenen Sparbeizlösungen gebeizt waren, in Wasser von 20, 50 und 100°C gespült. Die anschließend vorgenommene Prüfung der Bleche auf Korrosion bzw. Säurelöslichkeit in 20 %iger Schwefelsäure sollte einen Aufschluß über das Vorhandensein der Schutzschichten nach verschiedenen Spülbehandlungen geben, bzw. über die Möglichkeit, sie zu entfernen.

Aus Abb. 24 ist die Säurelöslichkeit der in 20 %iger Schwefelsäure mit verschiedenen Inhibitoren gebeizten Bleche zu ersehen. Der Angriff ist bei fast allen Blechen nach dem Spülen in kochendem Wasser am größten. Das bedeutet, daß die durch die Sparbeize entstehenden Beschläge auf der Oberfläche bis zu einem gewissen Grade durch heißes Spülen beseitigt werden. Die Löslichkeit ist bei den in reiner 20 %iger Schwefelsäure gebeizten Blechen am stärksten. Dadurch wird bestätigt, daß durch Inhibitorzusatz stets Filme auf der Oberfläche gebildet werden, die auch durch gründliches Spülen in kochendem Wasser nicht ganz entfernt werden, wenn hierbei auch die Schutzschicht in stärkerem Maße gelöst oder unwirksam gemacht und die Blechoberfläche stärker aktiviert wird. Die Beständigkeit der durch die verschiedenen Sparbeizen gebildeten Filme scheint z.T. ihrer eisenschützenden Wirkung proportional zu sein. Sie ist beim Beizen in heißer Schwefelsäure geringer (Abb. 25). Die Löslichkeitsversuche bestätigen die Temperaturabhängigkeit der Hemmwirkung, soweit sie durch die Filmbildung bedingt ist. Eine Bestätigung der Haftfestigkeit der durch Adsorption auf der metallischen Oberfläche gebildeten Filme ergaben Versuche, durch die die Neigung der Bleche zu Neurostbildung nach dem Beizen festgestellt werden sollte. Nach 8-tägiger Lagerung an feuchter Luft waren alle Bleche, die 1 Stunde in Schwefelsäure gebeizt worden waren, mit einer gleichmäßigen, dünnen Rostschicht bedeckt, während die Bleche, die 4, 6 und 24 Stunden sowohl in heißer wie in kalter sparbeizhaltiger Säure gebeizt waren, dem korrosiven Angriff widerstanden hatten und nur vereinzelt Ansätze zu Neurostbildung zeigten. Die verzögerte Rostung der Bleche muß auf die nach längeren Beizzeiten verstärkt ausgebildete Schutzschicht zurückgeführt werden.

Für die galvanische Metallabscheidung ist es bekanntlich ein bezeichnendes Merkmal, daß der Überzug ein getreues Abbild der Gestalt der Kathodenoberfläche ergibt, d.h. daß alle Unebenheiten wie herausragende Spitzen oder Löcher nicht überdeckt werden, sondern häufig verstärkt hervortreten, vor allem bei dicken Überzügen. Für glatte und dichte Überzüge ist folglich eine weitgehend gleichmäßige und ebene Oberfläche des Grundmetalls Vorbedingung. Daneben ist die besondere Struktur der Metallabscheidung jeweils zu berücksichtigen.

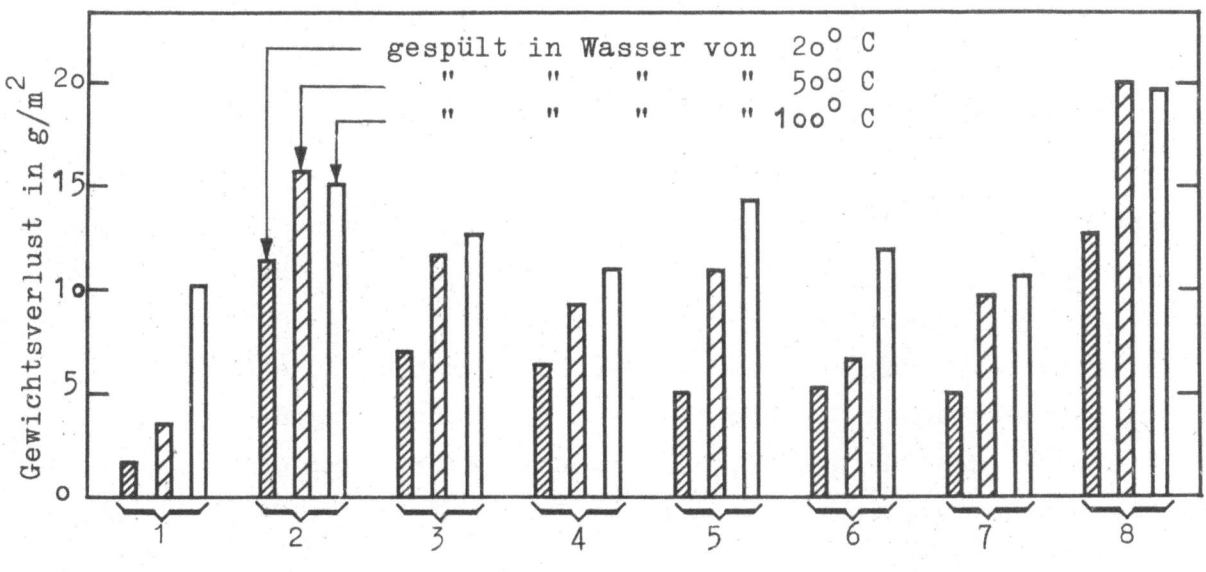

Abbildung 24

Einfluß der Spülbehandlung auf die Säurelöslichkeit von Blechen mit Oberflächenfilmen (20 %ige Schwefelsäure, kalt)

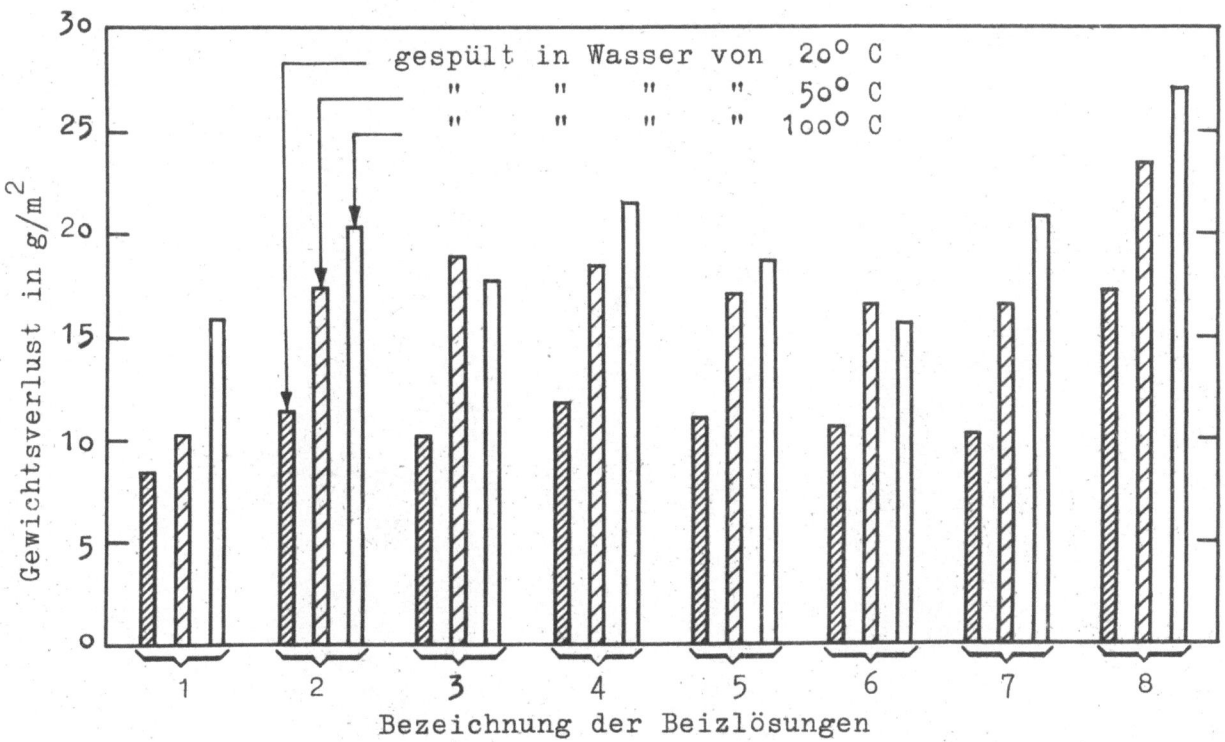

Abbildung 25

Einfluß der Spülbehandlung auf die Säurelöslichkeit von Blechen mit Oberflächenfilmen (10 %ige Schwefelsäure, heiß)

Die Abb. 26a bis i geben ein Bild von der unterschiedlichen Rauhigkeit der Blechoberflächen, wie sie nach dem Beizen in den einzelnen Lösungen vorliegen. Die Aufnahmen wurden als Abtastkurven mit dem Oberflächenmeßgerät von Forster-Leitz hergestellt.

Die Bleche mußten für diese Untersuchung geschliffen und poliert werden, weil die Rauhigkeit oder Narbigkeit der Schwarzblechproben so groß ist, daß die Rauhigkeitsunterschiede, welche durch das Beizen und den Eisenverlust verursacht werden, von ihr überdeckt werden. Die Bilder stellen also in gewisser Weise die Profilkurven von Aufrauhungen dar, die lediglich die durch den Säureangriff verursachte Aufrauhung wiedergeben, ausgehend von einer ursprünglich in allen Fällen gleichmäßigen Oberflächenbeschaffenheit.

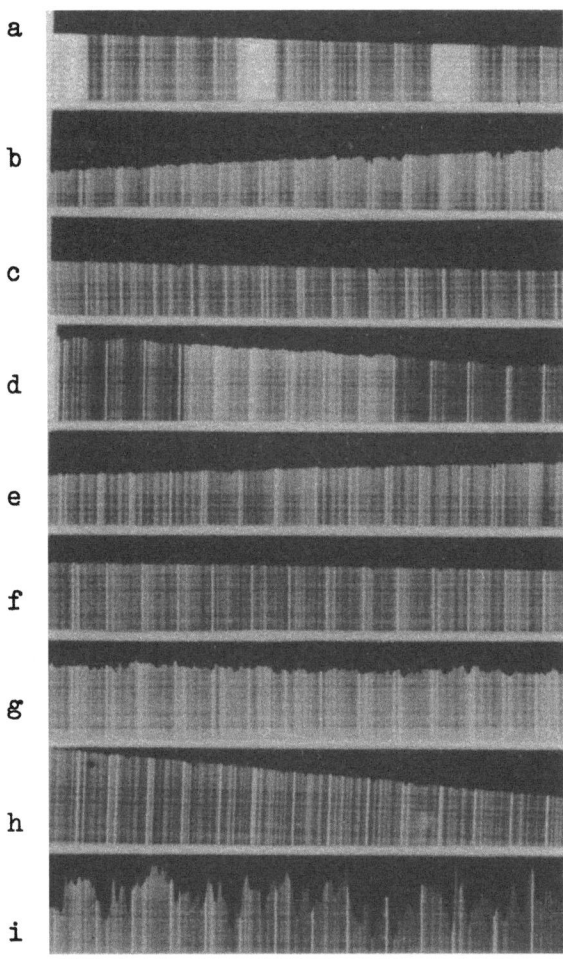

A b b i l d u n g 26a bis 26i
Rauhigkeiten von Blechoberflächen nach dem Beizen

Im Vergleich zu der stark aufgerauhten Oberfläche der in der sparbeizfreien Säure gebeizten Bleche (Abb. 26i) zeichnen sich alle durch Inhibitor geschützten Bleche durch mehr oder weniger glatte anscheinend nur leicht angeätzte Oberflächen aus. Die größten Höhenunterschiede zeigen die Profilkurven der in Lösung 2 (Abb. 26b) und 7 (Abb. 26g) behandelten Bleche. Es handelt sich in beiden Fällen um Lösungen, die auch nach längeren Beizzeiten zu größeren Gewichtsverlusten führen. Die Rauhigkeit scheint demnach mit dem Eisenangriff zuzunehmen.

Die zu den Versuchen verwandten Proben waren alle der Randzone der zur Verfügung stehenden Blechtafel entnommen. Es war von Interesse, zu erfahren, wie weit das Blech in der reineren Rand- und in der stärker geseigerten Mittelzone das gleiche Verhalten zeigt, soweit es sich um einen unberuhigten Stahl handelt. In einem Vorversuch wurden Probestücke aus einem verschmiedeten Vierkantstab, der eine ausgesprochene Seigerung aufwies (Abb. 27), entsprechend den vorhergehenden Versuchen gebeizt. Sie wurden vorher auf einer Fläche quer zur Walzrichtung poliert. Der Versuch ergab, daß ein Teil der Sparbeizen dazu neigt, besonders wirksame Schutzschichten an den stärker geseigerten Stellen zu bilden (Abb. 28), während die anderen bevorzugt die reinere Randzone vor zu starkem Angriff schützen. Abb. 28 zeigt das charakteristische Aussehen einer 2, 4 und 6 Stunden gebeizten Probe, bei der der geseigerte Kern von der Säure nach 2 Stunden kaum angegriffen ist und noch glänzend erscheint, während der Rand schon erheblich aufgerauht ist. Erst nach vier- und sechsstündigem Beizen beginnt auch die Mitte der Probe mit der Säure zu reagieren. In Abb. 29 wird umgekehrt mit zunehmender Beizdauer die geseigerte Zone in der Mitte so stark angegriffen, daß es schon nach 2- und 4-stündigem Beizen zu erheblicher Lochbildung kommt, und zwar bevorzugt an den Stellen, an denen die Begleitelemente (Abb. 27) sich besonders stark angesammelt haben. Die Randzone ist hier weniger stark angegriffen. Eine Analyse ergab folgende unterschiedliche Zusammensetzungen in Rand und Mitte:

Rand:
0,04 % C; 0,00 % Si; 0,36 % Mn; 0,067 % P; 0,012 % S

Mitte:
0,06 % C; 0,00 % Si; 0,34 % Mn; 0,103 % P; 0,031 % S

Forschungsberichte des Wirtschafts- und Verkehrsministeriums Nordrhein-Westfalen

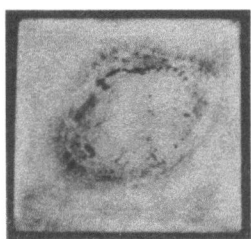

Abbildung 27

Verteilung der Seigerung über den Querschnitt eines Vierkantstabes

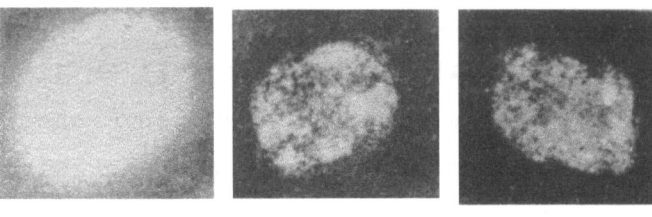

2 Std.   4 Std.   6 Std.

Abbildung 28a bis 28c

Probestücke, gebeizt in Sparbeizlösung, die bevorzugt die stärker geseigerte Zone eines Bleches schützt

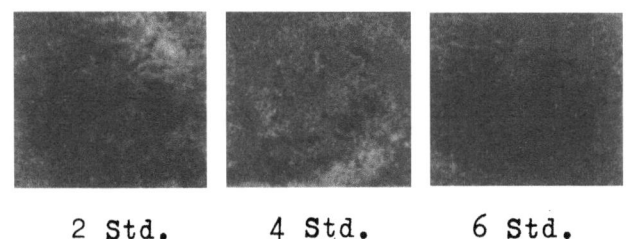

2 Std.   4 Std.   6 Std.

Abbildung 29a bis 29c

Probestücke, gebeizt in Sparbeizlösung, die bevorzugt die reine Randzone eines Bleches schützt

Es zeigt sich, daß die Schutzwirkung der Sparbeizen in großem Maße von dem Gehalt des Stahles an Begleitelementen abhängt, bzw. daß die Beizwirkung bei ein und demselben Blech an verschiedenen Blechabschnitten sehr unterschiedlich sein kann, entsprechend der jeweiligen Lage der Blechabschnitte. Besonders bei unberuhigten Stahlgüten wird diese unterschiedliche Hemmwirkung in ausgeprägterem Maße zu erwarten sein. Sie wird von der jeweiligen Zusammensetzung des Materials und dem Ausmaß der Seigerungen abhängen.

Zusammenfassung

Eine vergleichende Untersuchung des Schutzwertes verschiedener Sparbeizlösungen führte zu folgenden Ergebnissen:

Durch Inhibitorzusatz wird der Eisenverlust beim Beizen wesentlich herabgesetzt. Damit verbunden ist grundsätzlich eine verringerte Aufrauhung der Oberfläche, die sich neben einer erhöhten Lebensdauer der Beizbäder für eine galvanische Veredlung besonders vorteilhaft auswirkt. Die Wasserstoffaufnahme wird gehemmt und damit eine Versprödung der Bleche vermieden, die Gefahr einer Zerstörung der Überzüge durch entweichenden Wasserstoff gleichzeitig herabgesetzt. Das Vorhandensein dünner, aber festhaftender Filme auf der Oberfläche, die durch Spülen nicht beseitigt werden, konnte durch Prüfung der Säurelöslichkeit sowie der Neurostbildung bestätigt werden. Ihr Einfluß auf eine galvanische Veredlung der Bleche soll noch untersucht werden. Die Schutzwirkung kann sich mit der Stahlzusammensetzung ändern.

Der Wert der im Handel befindlichen Sparbeizen ist dabei sehr unterschiedlich und es empfiehlt sich, den Einfluß der gebräuchlichen Sparbeize auf die Eigenschaft zu prüfen, die für die jeweilige Verwendung des Bleches vordringlich gefordert wird, sei es die Oberflächenrauhigkeit für eine spätere galvanische Veredlung oder die Wasserstoffaufnahme für eine folgende Umformung.

Professor Dr.-Ing. e.h. W. EILENDER und
Dr.-Ing. RUTH PETRI,
Technische Hochschule, Aachen

Forschungsberichte des Wirtschafts- und Verkehrsministeriums Nordrhein-Westfalen

4. Unterschiedliches Verhalten beider Seiten dünner Bleche beim Beiz- und Korrosionsversuch

Die beiden Seiten dünner Bleche, sowohl blanker als auch schwarzer, sehen meist sehr verschieden aus. Bei geringen Blechdicken erkärt sich diese Tatsache schon daraus, daß derartige Bleche zuletzt nicht mehr einzeln sondern gedoppelt gewalzt werden, wodurch jeweils nur eine Seite des Bleches unmittelbar dem Walzendruck ausgesetzt ist, während die andere Seite gegen das Gegenblech drückt. Käme es nur auf das Aussehen an, so brauchte man somit den Unterschied nicht weiter zu beachten.

Bei der Durchführung von Langzeitversuchen über die Wirkungsweise von Beizinhibitoren[1] wurde jedoch beobachtet, daß bei den Beizinhibitoren, die eine Blasenbildung zuließen bzw. begünstigten, die ersten Beizblasen stets nur auf einer Seite des Bleches auftraten, und zwar stets auf der gleichen. Es stellte sich entgegen der ursprünglichen Annahme heraus, daß diese Erscheinung nicht etwa auf Versuchsfehler zurückzuführen, sondern durch das Blech bedingt war. Auch wenn die gleiche Blechsorte, wie sie zu Beizversuchen diente, auf andere Weise geprüft wurde, ergab sich immer wieder ein verschiedenes Verhalten der beiden Blechseiten. So wurde beim einfachen Korrosionsversuch stets die Seite zuerst angegriffen, auf der sich auch die ersten Beizblasen gebildet hatten.

Interessant wurde die Beobachtung, sobald die Korrosionsprüfungen unter Verwendung von Blankschutzmitteln erfolgten. Wenn trotz des Schutzmittels Korrosion eintrat, handelte es sich analog den oben geschilderten Beobachtungen stets um die Seite, die zuerst oder auch allein korrodiert war. Daß es sich dabei nicht um Zufallserscheinungen handelt, düfte aus den nachfolgenden Abbildungen hervorgehen. Die Abb. 30a bis 33a und 30b bis 33b zeigen mittels "Cetan-farblos" geschützte Proben aus blankem Tiefziehblech, die vor dem Versuch blank nachgeschliffen waren. Um möglichst einwandfreie Schutzschichten zu erhalten, wurden die sorgfältig entfetteten Bleche nicht gestrichen, sondern in das Blankschutzmittel getaucht.
Abb. 30a und 30b zeigen die Vorder- und Rückseite des Versuchsbleches nach dem Freiluftbewitterungsversuch. Während die Vorderseite einwandfrei blieb, ist die Rückseite erheblich korrodiert. Bei den Abb. 31a und 31b handelt es sich um das Ergebnis eines Sprühversuchs mit Leitungswasser. Während die Vorderseite lediglich Ablagerungen aus dem Wasser erkennen läßt, weist die Rückseite außerdem zahlreiche Rostpünktchen auf. In den

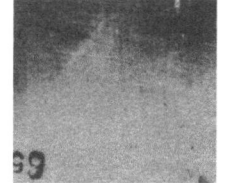  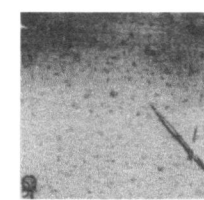 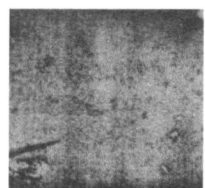

A b b i l d u n g   30a u. 30b
Freiluftbewitterung

A b b i l d u n g   31a u. 31b
Sprühversuch mit Leitungswasser

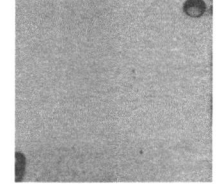 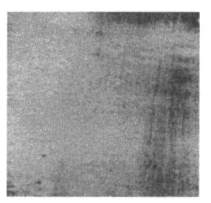  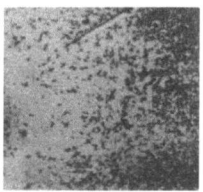

A b b i l d u n g   32a u. 32b
HCL-Dampf

A b b i l d u n g   33a u. 33b
Standtauchversuch in destilliertem H_2O

Abb. 30a bis 33b
Gebeizte Blechproben, vor dem Beizen mit "Cetan-farblos" geschützt
Abb. 30a bis 33a Vorderseite, Abb. 30b bis 33b Rückseite der Bleche

 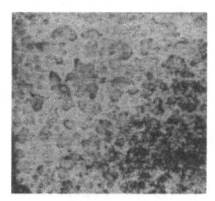 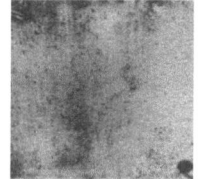 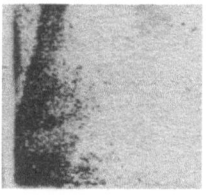

A b b i l d u n g   34a u. 34b
Sprühversuch mit Leitungswasser

A b b i l d u n g   35a u. 35b
Standtauchversuch in destilliertem H_2O

Abb. 34a bis 35b
Gebeizte Blechproben, vor dem Beizen mit Pantarol geschützt
Abb. 34a u. 35a Vorderseite, Abb. 34b u. 35b Rückseite der Bleche

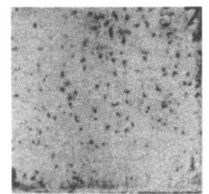 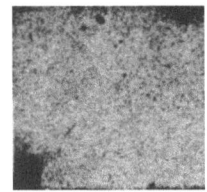 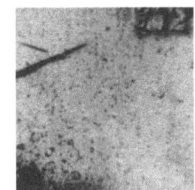 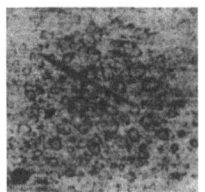

Abbildung 36a u. 36b
Freiluftbewitterung

Abbildung 37a u. 37b
Sprühversuch mit Leitungswasser

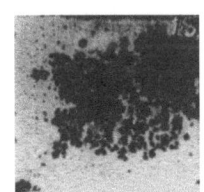 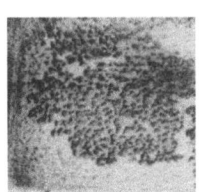

Abbildung 38a u. 38b
Standtauchversuch in destilliertem
H_2O

Abb. 36a bis 38b
Gebeizte Blechproben, vor dem Beizen mit Zaponlack geschützt
Abb. 36a bis 38a Vorderseite, Abb. 36b bis 38b Rückseite der Bleche

Abb. 32a und 32b lassen die mit Salzsäuredämpfen behandelten Proben weder auf der Vorder- noch auf der Rückseite Korrosionsspuren erkennen; die Rückseite zeigt lediglich eine schwache Mattierung. Besonders kraß tritt dagegen der Unterschied bei den in den Abb. 33a und 33b festgehaltenen Beobachtungen auf. Hierbei handelt es sich um einen Tauchstandversuch in destilliertem Wasser. Während die Vorderseite keinerlei Veränderungen zeigt, ist die Rückseite stark gerostet.

Bei der Verwendung des Blankschutzmittels "Pantarol" hielt die Schutzschicht dem Freiluft-Bewitterungsversuch stand, so daß die Proben nachher keine besonderen Merkmale aufwiesen. Beim Sprühversuch mit Leitungswasser dagegen blieb nur die Vorderseite des Bleches metallisch blank, während die Rückseite deutlich korrodiert ist (Abb. 34a und 34b). Die Prüfung mit Salzsäuredämpfen verlief wie der Freiluft-Bewitterungsversuch negativ. Beim Tauchstandversuch wies (Abb. 35a und 35b) die Vorderseite nur Korrosionsspuren auf, während die Rückseite starke Rostbildung erkennen läßt.

Bei der Verwendung von Zaponlack als Blankschutzmittel ergaben sich folgende Beobachtungen: Beim Freiluft-Bewitterungsversuch wies die Vorderseite nur Punktrost auf, während die Rückseite nach den Abb. 36a und 36b von einem dichten Korrosionsnetz überzogen war. Beim Sprühversuch mit Leitungswasser blieb die Vorderseite unverändert, während die Rückseite korrodierte (Abb. 37a und 37b). Der Behandlung mit Salzsäuredampf hielt der Schutzanstrich stand, so daß die beiden Seiten des Bleches keine Unterschiede aufwiesen. Beim Tauchstandversuch in destilliertem Wasser korrodierten die Proben unter der Lackschicht derart schnell und dauernd weiter, daß nach den Abb. 38a und 38b zwischen Vorder- und Rückseite des Bleches kein merklicher Unterschied festgehalten werden konnte.

Somit konnte in den geschilderten kurzen Prüfungen ebenso wie bei den früher durchgeführten Beiz-Langzeitversuchen festgestellt werden, daß die beiden Seiten eines dünnen Bleches sich chemischen und korrodierenden Angriffen gegenüber verschieden verhalten. Zwar ist die Ursache des unterschiedlichen Verhaltens noch nicht geklärt. Doch ist anzunehmen, daß die festgestellten Unterschiede sich auch bei der Oberflächenveredlung, sei es bei galvanisch oder auf anderem Wege erzeugten Überzügen, störend bemerkbar machen. Dies ist möglichst näher zu untersuchen. Hiernach wäre zu überlegen, ob es nicht fallweise lohnt, vor der Verwendung dünner, blanker Bleche die bessere Seite des Werkstoffes durch eine kurze Prüfung zu ermitteln und sie bei der Weiterverarbeitung, besonders der Oberflächenbehandlung, zu berücksichtigen.

                                    Professor Dr.-Ing. e.h. W. EILENDER und
                                    Dr.-Ing. RUTH PETRI,
                                    Technische Hochschule, Aachen

Literaturverzeichnis

1. Zeitschr. f. allgem. anorg. Chemie 126 (1923) S. 193
2. Korr. u. Metallschutz 13 (1937) S. 2o
3. J. Electrochem Soc. 95 1/1o (1949)
4. Anorg. allgem. Chemie 221 (1934) S. 249
5. Metalloberfläche 2 (195o) S. 25

FORSCHUNGSBERICHTE
DES WIRTSCHAFTS- UND VERKEHRSMINISTERIUMS
NORDRHEIN-WESTFALEN

Herausgegeben von Ministerialdirektor Prof. Leo Brandt

Heft 1:
Prof. Dr.-Ing. Eugen Flegler, Aachen,
Untersuchungen oxydischer Ferromagnet-Werkstoffe

Heft 2:
Prof. Dr. phil. Walter Fuchs, Aachen,
Untersuchungen über absatzfreie Teeröle

Heft 3:
Techn.-Wissenschaftl. Büro für die Bastfaserindustrie, Bielefeld,
Untersuchungsarbeiten zur Verbesserung des Leinenwebstuhls

Heft 4:
Prof. Dr. E. A. Müller u. Dipl.-Ing. H. Spitzer, Dortmund,
Untersuchungen über die Hitzebelastung in Hüttenbetrieben

Heft 5:
Dipl.-Ing. Werner Fister, Aachen,
Prüfstand der Turbinenuntersuchungen

Heft 6:
Prof. Dr. phil. Walter Fuchs, Aachen,
Untersuchungen über die Zusammensetzung und Verwendbarkeit von Schwelteerfraktionen

Heft 7:
Prof. Dr. phil. Walter Fuchs, Aachen,
Untersuchungen über emsländisches Petrolatum

Heft 8:
Maria Elisabeth Meffert und Heinz Stratmann, Essen
Algen-Großkulturen im Sommer 1951

Heft 9:
Techn.-Wissenschaftl. Büro für die Bastfaserindustrie, Bielefeld,
Untersuchungen über die zweckmäßige Wicklungsart von Leinengarnkreuzspulen unter Berücksichtigung der Anwendung hoher Geschwindigkeiten des Garnes
Vorversuche für Zetteln und Schären von Leinengarnen auf Hochleistungsmaschinen

Heft 10:
Prof. Dr. Wilhelm Vogel, Köln,
„Das Streifenpaar" als neues System zur mechanischen Vergrößerung kleiner Verschiebungen und seine technischen Anwendungsmöglichkeiten

Heft 11:
Laboratorium für Werkzeugmaschinen und Betriebslehre, Technische Hochschule Aachen,
1. Untersuchungen über Metallbearbeitung im Fräsvorgang mit Hartmetallwerkzeugen und negativem Spanwinkel
2. Weiterentwicklung des Schleifverfahrens für die Herstellung von Präzisionswerkstücken unter Vermeidung hoher Temperaturen
3. Untersuchung von Oberflächenveredlungsverfahren zur Steigerung der Belastbarkeit hochbeanspruchter Bauteile

Heft 12:
Elektrowärme-Institut, Langenberg (Rhld.),
Induktive Erwärmung mit Netzfrequenz

Heft 13:
Techn.-Wissenschaftl. Büro für die Bastfaserindustrie, Bielefeld,
Das Naßspinnen von Bastfasergarnen mit chemischen Zusätzen zum Spinnbad

Heft 14:
Forschungsstelle für Acetylen, Dortmund,
Untersuchungen über Aceton als Lösungsmittel für Acetylen

Heft 15:
Wäschereiforschung Krefeld,
Trocknen von Wäschestoffen

Heft 16:
Max-Planck-Institut für Kohlenforschung, Mülheim a. d. Ruhr,
Arbeiten des MPI für Kohlenforschung

Heft 17:
Ingenieurbüro Herbert Stein, M. Gladbach,
Untersuchung der Verzugsvorgänge in den Streckwerken verschiedener Spinnereimaschinen. 1. Bericht: Vergleichende Prüfung mit verschiedenen Dickenmeßgeräten

Heft 18:
Wäschereiforschung Krefeld,
Grundlagen zur Erfassung der chemischen Schädigung beim Waschen

Heft 19:
Techn.-Wissenschaftl. Büro für die Bastfaserindustrie, Bielefeld,
Die Auswirkung des Schlichtens von Leinengarnketten auf den Verarbeitungswirkungsgrad, sowie die Festigkeits- und Dehnungsverhältnisse der Garne und Gewebe

Heft 20:
Techn.-Wissenschaftl. Büro für die Bastfaserindustrie, Bielefeld,
Trocknung von Leinengarnen I
Vorgang und Einwirkung auf die Garnqualität

Heft 21:
Techn.-Wissenschaftl. Büro für die Bastfaserindustrie, Bielefeld,
Trocknung von Leinengarnen II
Spulenanordnung und Luftführung beim Trocknen von Kreuzspulen

Heft 22:
Techn.-Wissenschaftl. Büro für die Bastfaserindustrie, Bielefeld,
Die Reparaturanfälligkeit von Webstühlen

Heft 23:
Institut für Starkstromtechnik, Aachen,
Rechnerische und experimentelle Untersuchungen zur Kenntnis der Metadyne als Umformer von konstanter Spannung auf konstanten Strom

Heft 24:
Institut für Starkstromtechnik, Aachen,
Vergleich verschiedener Generator-Metadyne-Schaltungen in bezug auf statisches Verhalten

Heft 25:
Gesellschaft für Kohlentechnik mbH., Dortmund-Eving,
Struktur der Steinkohlen und Steinkohlen-Kokse

Heft 26:
Techn.-Wissenschaftl. Büro für die Bastfaserindustrie, Bielefeld,
Vergleichende Untersuchungen zweier neuzeitlicher Ungleichmäßigkeitsprüfer für Bänder und Garne hinsichtlich ihrer Eignung für die Bastfaserspinnerei

Heft 27:
Prof. Dr. E. Schratz, Münster,
Untersuchungen zur Rentabilität des Arzneipflanzenanbaues
Römische Kamille, Anthemis nobilis L.

Heft: 28:
Prof. Dr. E. Schratz, Münster,
Calendula officinalis L.
Studien zur Ernährung, Blütenfüllung und Rentabilität der Drogengewinnung

Heft 29:
Techn.-Wissenschaftl. Büro für die Bastfaserindustrie, Bielefeld,
Die Ausnützung der Leinengarne in Geweben

Heft 30:
Gesellschaft für Kohlentechnik mbH., Dortmund-Eving,
Kombinierte Entaschung und Verschwelung von Steinkohle; Aufarbeitung von Steinkohlenschlämmen zu verkokbarer oder verschwelbarer Kohle

Heft 31:
Dipl.-Ing. Störmann, Essen,
Messung des Leistungsbedarfs von Doppelsteg-Kettenförderern

VERÖFFENTLICHUNGEN DER ARBEITSGEMEINSCHAFT FÜR FORSCHUNG DES LANDES NORDRHEIN-WESTFALEN

Im Auftrage des Ministerpräsidenten Karl Arnold
Herausgegeben von Ministerialdirektor Prof. Leo Brandt

Heft 1:
Prof. Dr.-Ing. Friedrich Seewald, Technische Hochschule Aachen,
Neue Entwicklungen auf dem Gebiete der Antriebsmaschinen
Prof. Dr.-Ing. Friedrich A. F. Schmidt, Technische Hochschule Aachen,
Technischer Stand und Zukunftsaussichten der Verbrennungsmaschinen, insbesondere der Gasturbinen
Dr.-Ing. R. Friedrich, Siemens-Schuckert-Werke A.-G., Mülheimer Werk,
Möglichkeiten und Voraussetzungen der industriellen Verwertung der Gasturbine

Heft 2:
Prof. Dr.-Ing. Wolfgang Riezler, Universität Bonn,
Probleme der Kernphysik
Prof. Dr. phil. Fritz Micheel, Universität Münster,
Isotope als Forschungsmittel in der Chemie und Biochemie

Heft 3:
Prof. Dr. med. Emil Lehnartz, Universität Münster,
Der Chemismus der Muskelmaschine
Prof. Dr. med. Gunther Lehmann, Direktor des Max-Planck-Instituts für Arbeitsphysiologie, Dortmund,
Physiologische Forschung als Voraussetzung der Bestgestaltung der menschlichen Arbeit
Prof. Dr. Heinrich Kraut, Max-Planck-Institut für Arbeitsphysiologie, Dortmund,
Ernährung und Leistungsfähigkeit

Heft 4:
Prof. Dr. Franz Wever, Max-Planck-Institut für Eisenforschung, Düsseldorf,
Aufgaben der Eisenforschung
Prof. Dr.-Ing. Hermann Schenck, Technische Hochschule Aachen,
Entwicklungslinien des deutschen Eisenhüttenwesens
Prof. Dr.-Ing. Max Haas, Techn. Hochschule Aachen,
Wirtschaftliche und technische Bedeutung der Leichtmetalle und ihre Entwicklungsmöglichkeiten

Heft 5:
Prof. Dr. med. Walter Kikuth, Medizinische Akademie Düsseldorf,
Virusforschung
Prof. Dr. Rolf Danneel, Universität Bonn,
Fortschritte der Krebsforschung
Prof. Dr. med. Dr. phil. W. Schulemann, Univ. Bonn,
Wirtschaftliche und organisatorische Gesichtspunkte für die Verbesserung unserer Hochschulforschung

Heft 6:
Prof. Dr. Walter Weizel, Institut für theoretische Physik, Bonn,
Die gegenwärtige Situation der Grundlagenforschung in der Physik
Prof. Dr. Siegfried Strugger, Universität Münster,
Das Duplikantenproblem in der Biologie
Prof. Dr. Rolf Danneel, Universität Bonn,
Über das Verhalten der Mitochondrien bei der Mitose der Mesenchymzellen des Hühner-Embryos
Direktor Dr. Fritz Gummert, Ruhrgas A.-G., Essen,
Überlegungen zu den Faktoren Raum und Zeit im biologischen Geschehen und Möglichkeiten einer Nutzanwendung

Heft 7:
Prof. Dr.-Ing. August Götte, Technische Hochschule Aachen,
Steinkohle als Rohstoff und Energiequelle
Prof. Dr. e. h. Karl Ziegler, Max-Planck-Institut für Kohlenforschung Mülheim a. d. Ruhr,
Über Arbeiten des Max-Planck-Instituts für Kohlenforschung

Heft 8:
Prof. Dr.-Ing. Wilhelm Fucks, Technische Hochschule Aachen,
Die Naturwissenschaft, die Technik und der Mensch
Prof. Dr. sc. pol. Walther Hoffmann, Universität Münster,
Wirtschaftliche und soziologische Probleme des technischen Fortschritts

Heft 9:
Prof. Dr.-Ing. Franz Bollenrath, Technische Hochschule Aachen,
Zur Entwicklung warmfester Werkstoffe
Dr. Heinrich Kaiser, Staatl. Materialprüfungsamt Dortmund,
Stand spektralanalytischer Prüfverfahren und Folgerung für deutsche Verhältnisse

Heft 10:
Prof. Dr. Hans Braun, Universität Bonn,
Möglichkeiten und Grenzen der Resistenzzüchtung
Prof. Dr.-Ing. Carl Heinrich Dencker, Universität Bonn,
Der Weg der Landwirtschaft von der Energieautarkie zur Fremdenergie

Heft 11:
Prof. Dr.-Ing. Herwart Opitz, Technische Hochschule Aachen,
Entwicklungslinien der Fertigungstechnik in der Metallbearbeitung
Prof. Dr.-Ing. Karl Krekeler, Technische Hochschule Aachen,
Stand und Aussichten der schweißtechnischen Fertigungsverfahren

Heft: 12
Dr. Hermann Rathert, Mitglied des Vorstandes der Vereinigten Glanzstoff-Fabriken A.-G., Wuppertal-Elberfeld,
Entwicklung auf dem Gebiet der Chemiefaser-Herstellung
Prof. Dr. Wilhelm Weltzien, Direktor der Textilforschungsanstalt Krefeld,
Rohstoff und Veredlung in der Textilwirtschaft

Heft: 13
Dr.-Ing. e. h. Karl Herz, Chefingenieur im Bundesministerium für das Post- und Fernmeldewesen Frankfurt a. Main,
Die technischen Entwicklungstendenzen im elektrischen Nachrichtenwesen
Ministerialdirektor Dipl.-Ing. Leo Brandt, Düsseldorf,
Navigation und Luftsicherung

Heft 14:
Prof. Dr. Burckhardt Helferich, Universität Bonn,
Stand der Enzymchemie und ihre Bedeutung
Prof. Dr. med. Hugo W. Knipping, Direktor der Med. Universitätsklinik Köln,
Ausschnitt aus der klinischen Carcinomforschung am Beispiel des Lungenkrebses

Heft 15:
Prof. Dr. Abraham Esau, Technische Hochschule Aachen,
Die Bedeutung von Wellenimpulsverfahren in Technik und Natur
Prof. Dr.-Ing. Eugen Flegler, Technische Hochschule Aachen,
Die ferromagnetischen Werkstoffe in der Elektrotechnik und ihre neueste Entwicklung

Heft 16:
Prof. Dr. rer. pol. Rudolf Seyffert, Universität Köln,
Die Problematik der Distribution
Prof. Dr. rer. pol. Theodor Beste, Universität Köln,
Der Leistungslohn

Heft 17:
Prof. Dr.-Ing. Friedrich Seewald, Technische Hochschule Aachen,
Die Flugtechnik und ihre Bedeutung für den allgemeinen technischen Fortschritt
Prof. Dr.-Ing. Edouard Houdremont, Essen,
Art und Organisation der Forschung in einem Industriekonzern

Heft 18:
Prof. Dr. med. Dr. phil. W. Schulemann, Universität Bonn,
Theorie und Praxis pharmakologischer Forschung
Prof. Dr. Wilhelm Groth, Direktor des Physikalisch-Chemischen Instituts, Universität Bonn,
Technische Verfahren zur Isotopentrennung

Heft 19:
Dipl.-Ing. Kurt Traenckner, Stellvertr. Vorstandsmitglied der Ruhrgas-A.G., Essen,
Entwicklungstendenzen der Gaserzeugung

Heft 21:
Prof. Dr. phil. Robert Schwarz, Aachen,
Wesen und Bedeutung der Silicium-Chemie
Prof. Dr. Kurt Alder, Universität Köln,
Fortschritte in der Synthese von Kohlenstoffverbindungen

Heft 21 a
Jahresfeier der Arbeitsgemeinschaft für Forschung des Landes Nordrhein-Westfalen am 21.5.1952 in Düsseldorf mit Ansprachen des Herrn Bundespräsidenten Professor Dr. Theodor Heuss, des Herrn Ministerpräsidenten Arnold, Frau Kultusminister Teusch, der Herren Professor Dr. Hahn, Professor Dr. Strugger, Vizepräsident Dobbert, Professor Dr. Richter, Professor Dr. Fucks.

Heft 22:
Prof. Dr. Johannes von Allesch, Universität Göttingen,
Die Bedeutung der Psychologie im öffentlichen Leben
Prof. Dr. med. Otto Graf, Max-Planck-Institut für Arbeitsphysiologie, Dortmund,
Triebfedern menschlicher Leistung

Heft 23:
Prof. Dr. phil. Dr. jur. h. c. Bruno Kuske, Universität Köln,
Probleme der Raumforschung
Prof. Dr. Dr.-Ing. e. h. Prager,
Städtebau und Landesplanung

Heft 23 a:
M. Zvegintzov, Wissenschaftliche Forschung und die Auswertung ihrer Ergebnisse. Ziel und Tätigkeit der National Research Development Corporation

Dr. Alexander King, Department of Scientific & Industrial Research, London,
Wissenschaft und internationale Beziehungen

Heft 24:
Prof. Dr. Rolf Danneel, Universität Bonn,
Über die Wirkungsweise der Erbfaktoren
Prof. Dr. K. Herzog, Medizinische Akademie Düsseldorf,
Bewegungsbedarf der menschlichen Gliedmaßengelenke bei der Berufsarbeit

Heft 25:
Prof. Dr. O. Haxel, Heidelberg,
Energiegewinnung aus Kernprozessen
Dr. Dr. Max Wolf, Düsseldorf,
Gegenwartsprobleme der energiewirtschaftlichen Forschung

Heft 26:
Prof. Dr. Friedrich Becker, Universität Bonn,
Ultrakurzwellen aus dem Weltraum, ein neues Forschungsgebiet der Astronomie
Dozent Dr. H. Straßl, Bonn,
Bemerkenswerte Doppelsterne und das Problem der Sternentwicklung

Heft 27:
Prof. Dr. Heinrich Behnke, Universität Münster,
Der Strukturwandel der Mathematik in der ersten Hälfte des 20. Jahrhunderts
Prof. Dr. E. Sperner, Bonn,
Eine mathematische Analyse der Luftdruckverteilungen in großen Gebieten

Heft 28:
Prof. Dr. O. Niemczyk, Aachen,
Die Problematik gebirgsmechanischer Vorgänge im Steinkohlenbergbau
Prof. Dr. W. Ahrens, Krefeld,
Die Bedeutung geologischer Forschung für die Wirtschaft, besonders in Nordrhein-Westfalen

Heft 29:
Prof. Dr. B. Rensch, Münster,
Das Problem der Residuen bei Lernleistungen
Prof. Dr. H. Fink, Köln,
Über Leberschäden bei der Bestimmung des biologischen Wertes verschiedener Eiweiße von Mikroorganismen

Heft 30:
Prof. Dr.-Ing. F. Seewald, Aachen,
Forschungen auf dem Gebiete der Aerodynamik
Prof. Dr.-Ing. K. Leist, Aachen,
Forschungen in der Gasturbinentechnik

Geisteswissenschaften

Heft 1:
Prof. Dr. W. Richter, Bonn,
Die Bedeutung der Geisteswissenschaften für die Bildung unserer Zeit
Prof. Dr. J. Ritter, Münster,
Die aristotelische Lehre vom Ursprung und Sinn der Theorie

Heft 2:
Prof. Dr. J. Kroll, Köln,
Elysium
Prof. Dr. G. Jachmann, Köln,
Die vierte Ekloge Vergils

Heft 3:
Prof. Dr. H. E. Stier, Münster,
Die klassische Demokratie

Heft 4:
Prof. Dr. W. Caskel, Köln,
Lihjan und Lihjanisch. Sprache und Kultur eines früharabischen Königreiches

Heft 5:
Prof. Dr. Th. Ohm, Münster,
Stammesreligionen im südlichen Tanganyika-Territorium. — Religionswissenschaftliche Ergebnisse meiner Ostafrikareise 1951

Heft 6:
Prälat Prof. Dr. G. Schreiber, Münster,
Deutsche Wissenschaftspolitik von Bismarck bis zum Atomphysiker Otto Hahn

Heft 7:
Prof. Dr. W. Holtzmann, Bonn,
Das mittelalterliche Imperium und die werdenden Nationen

Heft 8:
Prof. Dr. W. Caskel, Köln,
Die Bedeutung der Beduinen in der Geschichte der Araber

Heft 9:
Prälat Prof. Dr. G. Schreiber, Münster,
Iroschottische und angelsächsische Kultureinflüsse im Mittelalter

Heft 10:
Prof. Dr. P. Rassow, Köln,
Forschungen zur Reichsidee im 16. und 17. Jahrhundert

Heft 11:
Prof. Dr. H. E. Stier, Münster,
Roms Aufstieg zur Weltherrschaft

Heft 12:
Prof. D. K. H. Rengstorf, Münster,
Zum Problem der Gleichberechtigung zwischen Mann und Frau auf dem Boden des Urchristentums
Prof. Dr. H. Conrad, Bonn,
Grundprobleme einer Reform des Familienrechts

Heft 13:
Professor Dr. Max Braubach, Bonn,
Der Weg zum 20. Juli 1944 — Ein Forschungsbericht

If you have any concerns about our products,
you can contact us on
ProductSafety@springernature.com

In case Publisher is established outside the EU,
the EU authorized representative is:
**Springer Nature Customer Service Center GmbH
Europaplatz 3, 69115 Heidelberg, Germany**

Printed by Libri Plureos GmbH
in Hamburg, Germany